KB263534

BT
REPORT

국내외 자율주행 산업분석보고서 2023개정판

저자 비피기술거래 비피제이기술거래

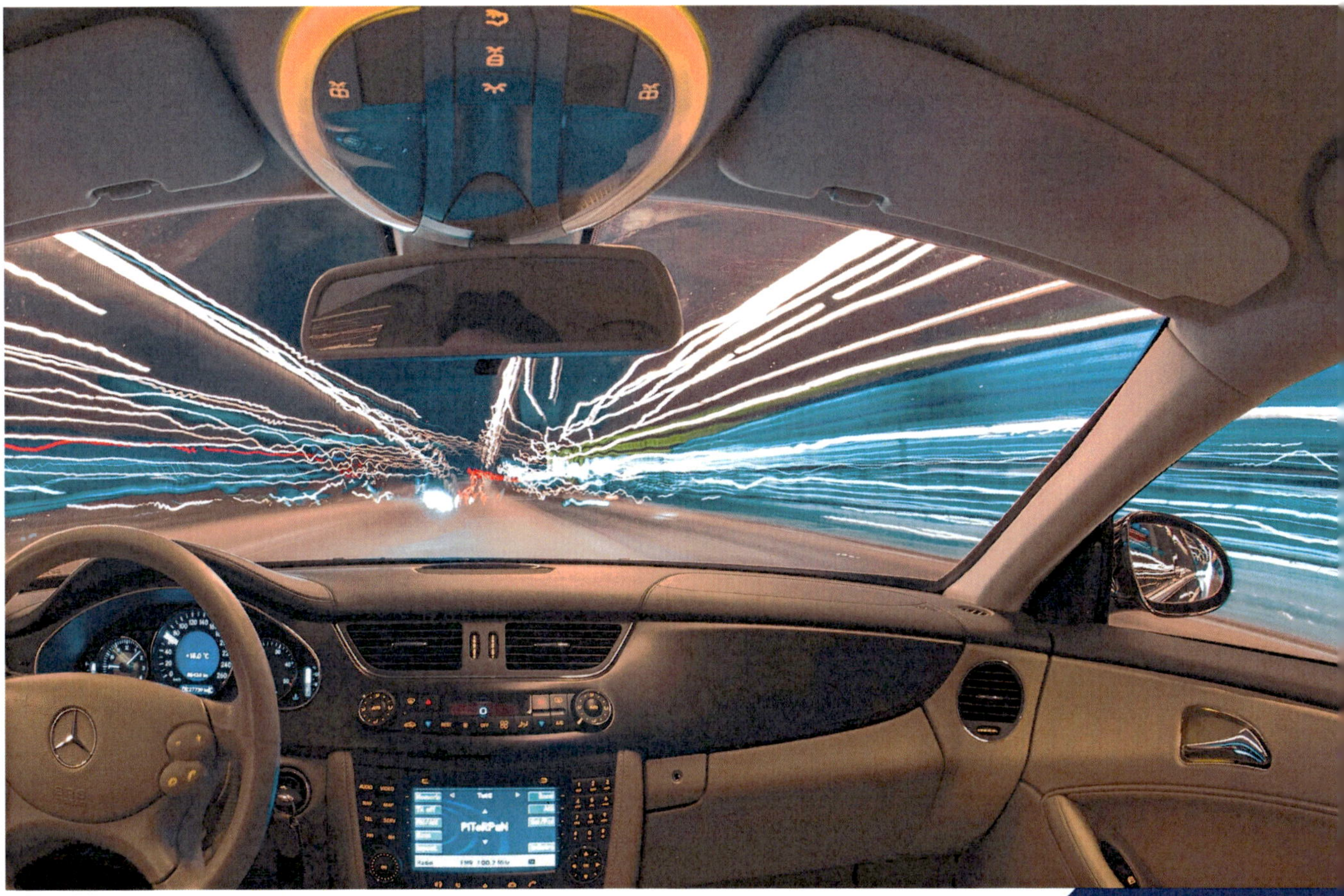

㈜ 비티타임즈

Ⅰ. 개요

I. 개요

출근길 꽉 막히는 도로, 장거리의 운전으로 지친 몸. 운전하는 사람들이라면 누구나 한번쯤 '자율주행'을 상상해본적이 있을 것이다. 최근 우리는 많은 매체를 통해 4차 산업혁명의 한 분야로 자율주행차를 접하고 있다. 이처럼 과거 상상속의 기술이었던 자율주행은 현재 엄청난 성장을 거듭하며 점차 성장하고 있다.

자율주행은 운전자의 개입 없이 주변 환경을 스스로 인식하고 주행상황을 판단하며 그에 따라 차량을 제어, 원하는 목적지까지 차량이 스스로 주행하는 것을 말한다. 많은 사람들은 자율주행이 4차 산업혁명이 도래하며 등장했다고 생각하지만 사실 자율주행 개념은 1960년대 벤츠를 중심으로 제안되었고 1970년대 중후반부터 연구가 시작되었다. 하지만 초기 연구는 아무런 장애 요소가 없는 장소에서 차선을 지키는 수준의 연구로 엄밀히 따져 자율주행이라고 보기 어려웠다. 또한 컴퓨터 기술의 한계로 인해 큰 발전을 이룩하지 못했고 90년대 들어 컴퓨터 기술이 급성장하며 드디어 장애물이 개입되는 자율주행 분야가 연구되기 시작했다. 이후 자율주행 기술 개발은 급성장하기 시작했고 많은 시장조사기관과 전문가들은 2025년을 시작으로 2035년이면 완전 자율주행차의 보급이 일정 수준 이상에 다다를 것으로 전망한다.

미국 도로교통안전국에 따르면 교통사고의 대부분은 운전자의 부주의로 발생하기 때문에 다양한 센서를 탑재한 자율주행차를 이용한다면 운전자의 부주의로 인한 사고를 많이 줄일 수 있다. 또한 네트워크의 발전으로 자동차간의 소통이 가능해짐에 따라 교통 효율성이 증가하고 이에 따라 연료를 절감할 수 있으며, 고령 운전자들이나 장애우들의 이동성을 증가시킬 수 있다. 이처럼 전문가들과 자율주행차 개발 업체들은 완전자율주행 기술의 개발이 완료되어 상용화가 이루어진다면 다양한 분야의 장점을 가지고 있다고 주장한다.

실제 자율주행기술이 개발된 이후로 자율주행시장은 지속적으로 증가해왔고, 자율주행차에 탑재되는 카메라, 라이다, 레이다 시장도 함께 성장하고 있는 추세이다. 또한 현재는 부분 자율주행차량이 시장의 대부분을 차지하고 있지만 지속적인 기술개발을 통해 조금씩 완전 자율주행차량이 시장에 등장하고 있다.

본 보고서에서는 자율주행차의 핵심기술과 문제점, 기대효과, 현재 자율 주행차 산업을 선도하고 있는 기업들의 기술개발 동향을 통해 자율주행산업이 어느정도의 성장을 이루었는지, 세계와 국내 시장 동향을 통해 앞으로 자율주행산업의 성장가능성과 나아갈 방향에 대해 살펴보도록 하겠다.

II. 자율주행 정의

II. 자율주행 정의
1. 개념

 자율주행이란 운전자나 승객의 조작 없이 스스로 주변 환경을 인식하고 주행 상황을 판단하며 주어진 목적지까지 운행이 가능한 것을 의미한다. 자율주행의 개념은 1960년대 벤츠를 중심으로 제안되었으나 기술의 부족으로 90년대 들어서야 활발한 연구가 진행되었다.

 자율주행을 가능하게 하기 위해서는 운전자와 같은 인식을 할 수 있는 다양한 센서와 고성능 카메라가 필요하고 실시간으로 영상을 인지하고, 영상을 통해 인식된 상황을 판단할 수 있는 인지, 상황대응 기술이 필요하다. 즉, 최근 대두되고 있는 자율주행 자동차(Autonomous Vehicle)로 자동차가 진화하기 위해서는 딥러닝과 영상처리 기술, 그리고 다양한 센서를 기반으로 운전자의 개입 없이 스스로 주행할 수 있어야 한다.

 최근 스마트카(Smart Car), 커넥티트카(Connected Car), 무인자동차가 자율주행차와 의미상 혼재되어 사용되고 있다. 스마트카는 초기 커넥티드카의 의미를 포함하여 자동차와 IT기술의 융합을 목표로 등장한 개념이었으나 IT기술의 발달로 자율주행 기능까지 포함한 광범위한 개념으로 진화하게 되었다.

 커넥티드카는 자동차와 모든 인프라 간 양방향 통신망을 구축하는 초연결(Hyper-Connection)을 목표로 한다. 초기 스마트카가 하나의 전자 제품으로서 실시간, 양방향적인 IT 기술을 포함한 주행 정보제공이나 엔터테인먼트 등에 치중한 개념이었다면 현재는 이를 바탕으로 주변 환경 인식, 판단, 차량제어 등을 통해 사람의 개입이 없이 목적지까지 갈 수 있는 자율 주행 차까지 포함한다.

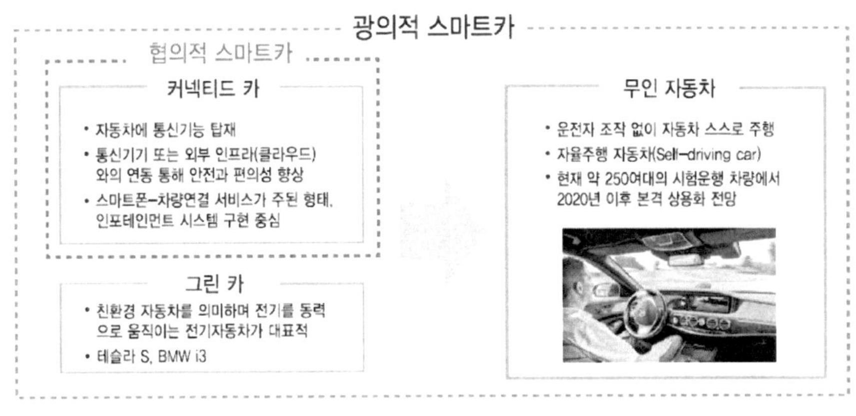

[그림 1] 스마트카 = 커넥티드카 + 무인자동차
[출처: KT 경제경영연구소, 유진투자증권]

 미국도로교통안전국(NHTSA)에 따르면 자율주행 자동차 기술 단계는 4 단계로 분류된다. (0단계는 아직 자동화가 진행되지 않은 단계로 대부분 이 단계를 제외한 4단계로 분류하고 있다.)

No Automation	Function Specific Automation	Combined Function Automation	Limited Self-Driving Automation	Full Self-Driving Automation
운전자에 의해 완벽하게 제어되는 차량	1개 이상의 특정 제어 기능을 갖춘 자동화 시스템	2개 이상의 특정 제어기능을 갖춘 자동화 시스템	가속, 주행, 제동 모두 자동 수행 자동화 시스템 (필요시 운전자 개입)	100% 자율주행
운전자 직접운전	운전자 직접운전 (운전 보조장치)	운전자 주행상황 항시 주시	운전자 자동운전 결정	운전자 목적지 입력만 가능
	■ 크루즈컨트롤 ■ 안정화컨트롤 ■ 차선 인식 등	■ 장애물 회피 ■ 브레이크제어 ■ 주차보조기능	■ 교통혼잡시 저속주행 ■ 조작 없이 고속도로 주행 ■ 자동 차선 변경 등	

[표 1] 자율주행 기술 수준별 단계 구분

1단계는 특정 기능의 자동화 단계로, 운전자는 주행을 하는 동안 발생하는 여러 주행상황 중 특정 주행조건(차선 이탈 등)을 만족하는 경우 자동화된 기술의 도움을 받을 수 있다. 최근 상용화되어있는 차선이탈경보장치나 가속 페달을 밟지 않아도 지정된 속도로 주행할 수 있는 크루즈 컨트롤과 같은 기능이 1단계에 속한다.

2단계는 기존의 자율주행 기술들이 통합되어 기능하는 단계로, 앞서 보았던 차선이탈경보장치와 크루즈 컨트롤이 함께 작동하여 고속도로에서 앞차와의 간격과 속도를 자동으로 조절해주며 차선이탈을 방지해주는 것과 같은 기술이 이에 속한다.

3단계는 부분 자율주행 단계로, 운전자가 개입을 해야하는 특정한 상황이 존재하지만 교통흐름을 고려하여 경로를 정하거나 신호나 횡단보도를 인식하고 차선을 변경하는 등 일정 수준의 자율 주행이 가능한 단계이다. 최근 많은 기업들이 개발중인 단계이다.

4단계는 완전 자율주행 단계로, 운전자가 처음 시동을 켠 순간부터 목적지에 도착하는 순간까지 완전한 자율주행이 가능하다. 특히 4단계에서는 V2X(Vehicle to Everything)가 실현되어 차량과 차량, 차량과 인프라간 통신을 통해 보다 넓은 지역의 정보를 수집하고 이를 통해 최적의 경로를 찾아 주행하는 것이 가능하다.

미국 자동차기술협회(SAE)는 자동화 및 운전자 개입 수준에 따라 자율주행을 6단계로 구분하며, 보통 Lv.3 이상을 자율주행, Lv.4 이상을 완전자율주행으로 분류한다. 현재 Lv.2 수준의 자율주행이 상용화되어 있으며 일부 완성차기업 및 IT기업을 중심으로 Lv.3 이상의 자율주행 실험·부분 상용화가 추진되고 있다.

단계	Level 0	Level 1	Level 2	Level 3	Level 4	Level 5
자동화 수준	자율주행기능 없음	가·감속 등 일부 자동화	2가지 이상 자동화	조건부 자율주행	특정 지역 내 자율주행	완전 자율주행
운전자 개입	직접 주행	항시 개입	항상 개입	비상시 개입	개입 불필요	개입 불필요

[그림 5] 자동차기술협회(SAE)가 제시한 자율주행 6단계

2. 핵심기술

 자율주행기술은 차량의 인지, 판단, 제어 기술뿐 아니라 자율주행을 지원하는 인프라에 적용되는 기술이 포함된다. 자율주행차량의 시스템은 인지, 판단, 제어의 3단계를 거쳐 동작하며, 이를 지원하는 인프라에는 자율주행차량의 성능을 향상시키고 동 차량에 필요한 정보를 감지·분석·관리하여 차량에 송신하는 기술이 적용된다.

 2019년 5월 발표된 혁신성장동력 시행계획에서는 자율주행차 기술을 주행환경인식, 판단 및 차량제어, 통신/보안, 자율주행 지원 인프라 등으로 분류하며, 자율주행 지원 인프라는 첨단교통 운영시스템과 첨단교통 시설물로 분류했다.

구분	기술분류	정의 및 요소기술
차량	인프라	· 차량, 보행자, 운전자, 도로, 장애물 등의 데이터를 수집하여 주행 환경을 인지하는 기술 ※ 센서: GPS, 정밀지도, 라이더, 레이더, 카메라, V2X 등
	판단	· 주행환경에 따른 주행상황을 인식하고 최적의 주행조건(경로, 속도 등)을 결정하는 기술 ※ 주행경로 탐색, 차량/보행자 충돌방지, 장애물 회피, 시스템 오류 등
	제어	· 차량 주행 및 움직임과 관련된 구동계 등을 제어하는 기술 ※ 종방향(ESC), 횡방향(MDPS) 제어
인프라	도로시설물	자율주행차량의 인지성능 향상과 사고위험 감소 등을 위해서 도로시설물에 적용되는 기술 ※ 스마트 톨게이트, 스마트 신호등, 발광 차선 등의 자율주행 지원 도로 시설물
	노변센서	· 도로 내외의 물체와 환경을 감지하는 기술 ※ 보행자, 차량, 장애물, 기후 등을 감지하는 노변 카메라, 레이더, 라이다 등의 센서
	교통센터	· 차량과 도로시설물, 노변센서 등으로 수집된 데이터를 종합적으로 분석하고 관리하는 기술 ※ 교통신호, 정체, 사고, 공사, 기상 등의 정보를 관리
	통신	· 자율주행에 필요한 데이터를 차량-차량간 또는 차량-인프라간에 송수신 하는 기술 ※ 5G/WAVE 등의 통신기술, 정밀 GPS 지원 통신기술
	기타	· 상기 기술분류에 포함되지 않는 인프라성 연구 ※ 기획/전략연구, 인력양성, 법·제도/정책연구, 보험 등

[표 2] 자율주행 기술분류 및 정의

1) 차량 인지 기술
i) 센서[1][2]

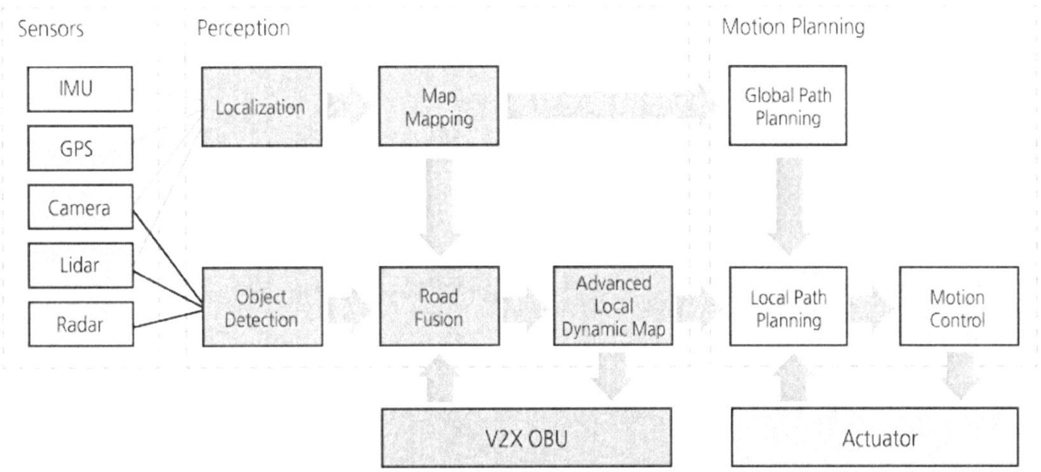

[그림 2] 자율주행 시스템 구조와 센서 종류

자율주행 센서는 자차의 위치인식을 위한 센서와 주행 환경에 존재하는 다양한 물체인식을 위한 센서로 구성된다. 먼저, 위치인식을 위한 센서로는 관성측정센서(IMU), 위성항법센서(GPS), 카메라, 라이더 등이 사용되며, 물체인식을 위해서는 카메라, 라이더, 레이더 등이 사용된다.

위치를 인식하는 센서를 통해 자동차의 정확한 위치 정보가 획득되면, 고정밀 자율주행지도를 참조하여 실세계 좌표계에서 전역 경로계획(Global Path Planning)을 세울 수 있다. 이후 자동차는 전역 경로계획으로 자율주행하면서 자차의 주행 경로 주변에서 이동하거나 정지된 물체를 인식하여 지역경로계획(Local Path Planning)을 수립하고, 샤시 시스템의 종/횡방향 제어를 수행함으로써 자율주행이 수행될 수 있다.

이와같은 자율주행 시스템을 구현하기 위해서는 위치인식과 물체인식 기능이 필수적이고, 카메라와 라이더는 2가지 기능에서 모두 사용되는 센서이므로 활용 범위측면에서 중요성이 더욱 증가하고 있다. 레이더 센서의 경우 물체인식 기능에 한하여 사용가능한 센서이나 열악한 주행환경에서도 가장 신뢰성있는 데이터를 제공할 수 있기 때문에 ADAS 시장에서 지속적으로 매출이 확대되고 있다.

---

1) 자율주행기술, 한국과학기술기획평가원, 2019
2) 자율주행차, 한국 IR 협의회, 2019.10.24

① 레이다와 라이다

 레이다와 라이다에 대하여 좀 더 살펴보자면, 먼저 두 센서는 이름에서 알 수 있듯이 기본 원리는 비슷하다. 레이다와 라이다는 각각 전자기파와 레이저를 이용하여 물체를 감지하고 거리를 측정한다.

 먼저 레이다는 전자기파를 주기적으로 발사한 후, 물체에 부딪혀 반사되어 오는 전자기파를 분석하여 물체와의 거리, 움직이는 방향, 높이 등을 확인한다. 레이다는 멀리 떨어진 물체를 확인하기에 좋으며 날씨나 주변 밝기에 영향을 거의 받지 않지만 해상도가 떨어지는 한계가 있다.

 라이다는 전자기파를 대신하여 초당 수백만개에 달하는 레이저빔을 지속적으로 목표물을 향해 발사하고 레이저 광선이 돌아오는 시간을 이용하여 사물까지의 거리, 방향, 속도를 측정한다. 최근 많은 전문가들은 레이저가 전자기파보다 파장이 짧기 때문에 측정 정밀도와 공간 해상도가 높으며 물체의 형태를 빠르고 입체적으로 파악할 수 있어 레이다가 아닌 라이다를 자율주행 자동차의 핵심으로 손꼽는다.

 레이다가 감지하지 못하는 물체 또한 라이다는 감지하는 등 라이다는 레이저의 특성상 레이더의 약점을 효과적으로 보완할 수 있어 주목을 받고 있다. 레이저 광선을 이용한 라이다는 활용범위가 넓다는 장점이 있지만 현재 높은 가격이라는 단점이 존재한다. 하지만 기술적 진보로 인해 단가 인하가 기대되고 향후 자율주행차 보급의 핵심으로 부각될 것으로 전망된다.

② 카메라
 카메라도 중요한 센서 기술 중 하나다. 카메라는 대상 물체에 대한 형태인식 정보를 제공함으로써 차선, 표지만, 신호등 등의 정보를 판독하는데 기여하게 된다. 카메라는 다양한 사물을 인식할 수 있지만 환경이나 날씨에 따라 정확도가 떨어질 수 있고 거리를 파악하려면 스테레오 카메라와 별도의 처리기술이 필요하다.

 우리가 현실에서 접하는 모든 장면은 3D이다. 인간의 눈은 깊이에 대한 결정을 내릴 수 있는 원근감을 가지고 있지만 카메라는 원근감을 가지고 판단하기 힘들다. 하지만 자율주행차는 원근감을 가지고 전방과 후방의 물체와의 거리 즉, 장면에서의 깊이를 판단할 수 있어야 하기 때문에 대다수의 자율주행차에는 스테레오 카메라 또는 스테레오 비전 기법이 쓰인다.

 한 개의 센서를 이용하는 경우 이러한 시스템을 단안 시스템 또는 모노 시스템이라 부르고 두 개의 분리된 센서를 이용하는 경우는 스테레오 시스템이라 칭한다. 즉, 스테레오 비전은 두 개의 분리된 카메라를 이용하는 시스템이라고 볼 수 있다.

 스테레오 카메라는 모노 카메라에 비해 가격이 높고, 개발이 어렵다는 단점으로 과거 널리 쓰이지 못했지만 최근 하드웨어의 가격 하락과 효율적인 기술 개발로 인해 널리 사용되며 삼각법을 기반으로 거리 정보를 획득하여 센서로부터 물체까지의 거리와 영상 정보를 모두 제공할 수 있다는 장점이 더욱 부각되고 있는 추세이다.

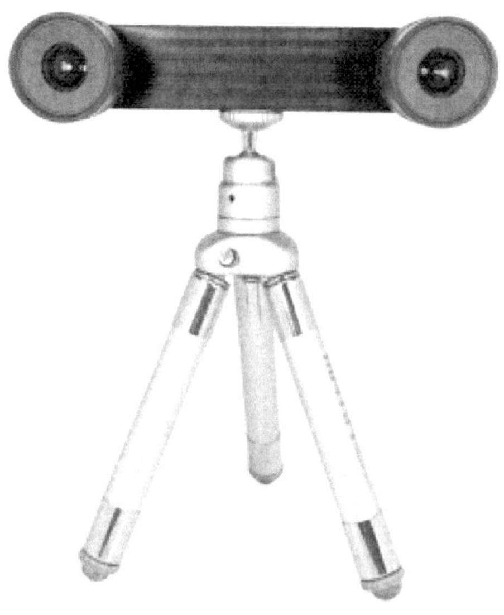

[그림 3] 스테레오 카메라
[출처: ntrexgo.com]

센서	기능	특징
초음파 센서	초음파를 활용해 근거리 장애물을 감지하고 거리를 측정하는 센서	• 기술이 이미 성숙 단계에 있고, 제품 단가가 타 센서 대비 가장 저렴함. • 가능한 측정 거리가 수 m 이내로 짧음. • 단거리 장애물에 대한 인식률이 높아 후방 감지 시스템 및 주차 보조 기술로 가장 널리 사용됨.
카메라	이미지 센서를 이용하여 주변 환경을 이미지로 감지 및 처리하는 센서	• 인간의 눈과 같이 차선, 신호등, 표지판, 차량 및 보행자 등의 다양한 사물을 동시에 인지할 수 있음. • 차선, 교통표지판, 신호등, 보행자 등 정확한 형상정보를 파악이 용이함. • 날씨 및 시간대에 민감함. • 초음파센서와 함께 가장 널리 적용됨.
레이더	주변 물체의 거리나 속도 등을 측정하기 위하여 전자기파를 사용하는 센서	• 날씨 및 시간대에 상관없이 사물을 인지할 수 있고, 장거리 인지가 가능함. • 형태 인식이 불가능하고, 타 센서 대비 제품 단가가 비싸다는 단점이 있음. • ADAS 기술 전반에 걸쳐 사용됨.
라이다	빛을 이용해 주변 물체 및 장애물 등을 감지하는 센서	• 정밀도가 높고, 3차원 영상 구현이 가능함. • 레이더에 비해 인식 거리가 짧고 날씨 등의 환경에 영향을 받는 단점이 있음.

[표 3] 자율주행차 센서의 주요 기능 및 특징

ii) V2X 통신

[그림 4] V2X 기술 활용 예시
[출처: GPS WORLD, 유진투자증권]

V2X(Vehicle to everything)는 자동차가 주행하는 동안 주변의 인프라 및 다른 차량과 유무선 통신을 통해 정보를 교환 및 공유하도록 도와주는 시스템으로, V2P(Vehicle-to-Pedestrian), V2N(Vehicle-to-Nomadic Devices), V2V(Vehicle-to-Vehicle), V2I(Vehicle-to-Infra)를 총칭하는 용어이다. V2X 통신 기술의 종류는 다음 표와 같이 나눌 수 있다.

V2X 통신 기술의 종류	사용 가능 상황
차량-보행자 간의 통신(V2P)	전방 보행로를 지나는 보행자
차량-모바일기기 간의 통신(V2N)	내비게이션과 스마트폰 연결
차량-차량 간 통신(V2V)	응급 차량 접근
차량-인프라 간 통신(V2I)	적색으로 바뀌는 신호등

[표 4] V2X 통신 기술의 종류

V2P는 차량과 보행자간의 통신으로 전방 보행로는 지나는 보행자와의 충돌사고 방지를 위해 사용되며 V2N은 차량과 네트워크 간의 통신으로 내비게이션 시스템과 같은 차량 내 기기들과 스마트폰, 스마트 패트 등 모바일 기기들을 연결하는 기술로, 주로 블루투스를 사용하여 차량의 상태를 모니터링 하는 등 다양한 용도로 사용되고 있다.

V2V는 차량과 차량 간의 통신으로 응급 차량이 접근하거나 차간 거리 유지, 주행 속도 유지, 추돌 경보 등의 정보를 주고받는 것을 말한다. V2I는 차량과 인프라 간의 통신으로 신호등 또는 도로에 설치된 기지국 등의 인프라가 서로 정보를 교환하여 교통량이나 교통 상황, 사고 상황을 실시간으로 전달하기 위해 사용된다.

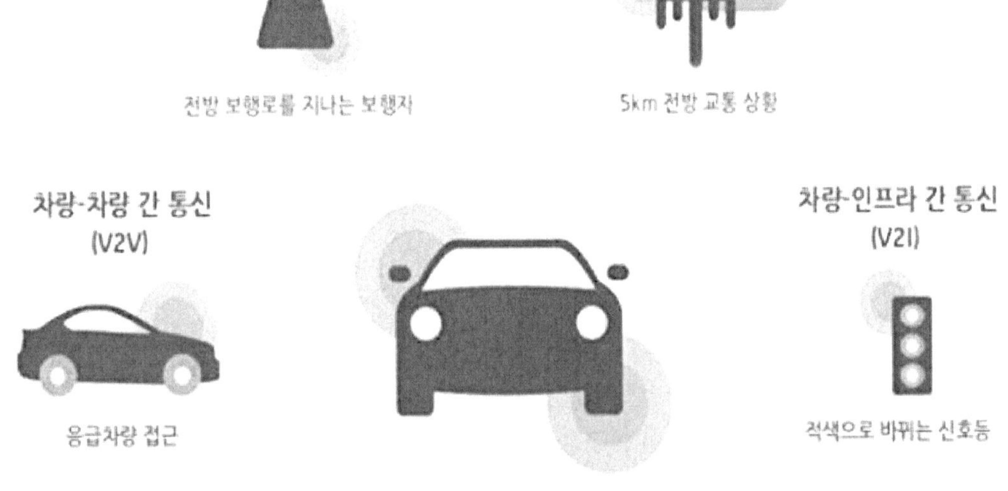

[그림 5] V2X 기술

자율주행차의 핵심으로 손꼽히는 레이더, 라이다, 카메라는 시야를 벗어난 영역에 대한 인식이 어렵다는 제약조건이 있다. 하지만 V2X는 교통정보나 위험정보를 공유하여 전방의 도로 상황을 자동차 스스로 인지할 수 있도록 하기 때문에 기존 교통 시스템과 연계를 통해 실시간 교통정보 제공 및 교통 트래픽 관리를 가능하게 한다. 또한, 시야 확보가 어려운 교차로나 기상이 악화된 상황에서도 인지가 가능하도록 도와줄 수 있어 특히 전방의 위급상황과 같은 안정성 제고를 위한 필수적인 시스템이라고 할 수 있다.

iii) 측위 기술

측위기술은 GPS를 사용하거나 무선 네트워크의 기지국 위치를 활용하여 단말기의 정확한 위치를 파악하는 기술로 네트워크 방식과 단말기 방식, 그리고 이들을 혼합하는 하이브리드 방식으로 분류할 수 있다.

대표적인 측위 기술은 GPS(Global Positioning System), DR(Dead Reckoning), DGPS(Differential GPS), CDGPS(Carrier Phase differential GPS), 복합 측위 기술 등으로 구분할 수 있다.

① GPS

GPS는 미국에서 개발하여 널리 이용되는 위성항법시스템으로 위성에서 발신하는 전파를 이용하여 위치를 계산하는 방식으로 위성궤도 오차, 대기권 전파 방해 등으로 인해 정밀도가 떨어질 수 있으며, 10m 이상의 거리 오차가 발생하여 자율주행자동차 기능 구현에는 적합하지 않다. 러시아는 GLONASS, 유럽은 Galileo, 일본은 JRANS와 QZSS, 중국은 BeiDou 위성항법시스템을 개발하여 이용하고 있다.

② DGPS

DGPS는 GPS가 위성으로부터 받은 정보와 지상의 기준국으로부터 받은 위치정보를 활용, 인식 정밀도는 1~5m까지 높일 수 있으나, DGPS의 수신기 부품이 고가이고 데이터 사용량이 늘어나는 단점과 터널 등에서 차량의 위치를 잡을 수 없다는 한계가 있다.

③ CDGPS

CDGPS는 2개 이상의 위성 수신기에서 수집된 위성 반송파를 활용하여 오차를 센티미터 또는 서브-센티미터의 정확도로 제공할 수 있는 측위 기술로 측지·측량 분야에서 활용되고 있다.

위와같은 GPS 기술을 보완하기 위해 GPS가 부정확한 지역에서는 차량의 가속도, 각속도 센서를(DR 및 비전 센서) 이용하여 차량의 기존 위치, 속도, 진행 방향 등을 기반으로 현재의 위치를 추정하는 방법들이 활용되고 있는 추세이며, 자율주행자동차에서는 차량 내 센서를 이용한 DR 기술을 복합적으로 이용할 것으로 전망된다.

iv) 고정밀 디지털지도, 고정밀 위치측위

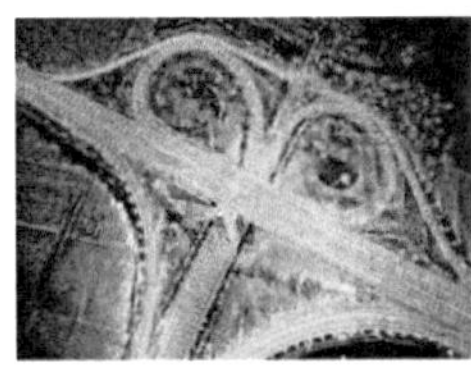

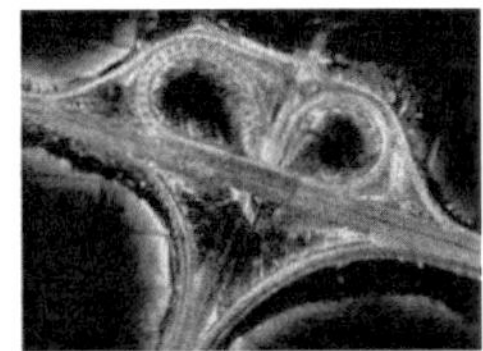

[그림 6] 3차원 디지털 지도

[그림 7] 고정밀 공간정보 조사 시스템 차

자율주행차의 원활한 주행을 위해서는 디지털지도와 위성항법장치(GPS)가 필수적이다. 디지털지도는 자율주행차가 운행하는 도로에 대한 모든 정적정보를 3차원으로 표현한 지도로 도로에 위치하고 있는 물체의 위치, 형태 등의 정보를 바탕으로 자율주행차가 커브, 교차로 합류 등에 사전에 대응할 수 있도록 돕는 역할을 한다.

고정밀 지도는 기존의 디지털 지도보다 10배 이상의 높은 정확도를 가진 지도로, 현재 운전자들이 사용하는 네비게이션 지도가 실제 도로와 1.7m의 차이를 보이는 반면에 고정밀 지도는 10cm의 차이를 보여 매우 정밀하다. 과거 자율주행차를 개발하는 업체가 자체적으로 제작하는데는 한계가 있어 사용이 어려웠지만 최근 전 세계 각 국가의 정부가 집중적인 지원을 해오고 있어 향후 자율주행차의 중요한 기술로 사용될 전망이다.

GPS는 위성항법장치로 위성으로부터 신호를 받아 현재의 위치를 파악하는 장치이다. GPS는 현재 미국에서 개발하고 관리하는 시스템으로 현재 위치의 경도, 위도, 해발 고도와 정확한 시간 정보를 얻을 수 있다.

2) 차량 판단 기술

판단기술은 목적지까지 경로를 계획하고 차로를 변경하거나 장애물을 회피하는 등 주행 중 발생한 돌발 상황을 판단하고 최적의 주행조건(경로, 속도 등)을 결정하는 기술이다.

i) Path Planning

일반적으로 path-planning은 global path-planning과 local path-planning으로 구별된다. 출발지부터 목적지까지 전체적인 경로를 계획하는 것을 global path-planning이라 하고, 주변 환경을 인지하고 장애물을 회피하는 등의 임시 경로를 생성하는 것을 local path-planning이라 한다.

사실, Path-planning, 즉 경로탐색은 우리가 새롭게 접하는 기술은 아니다. 우리는 지금도 경로탐색 기술을 실생활에서 사용하고 있다. 자동차에 탑승하여 우리는 네비게이션에 목적지를 입력한다. 이후 네비게이션은 자동으로 최적경로를 탐색하여 우리에게 안내해주고 있다. 또한, 실시간으로 경로를 탐색하여 안내해주기도 한다. 그렇다면 이러한 실시간 경로탐색은 어떻게 진행되는 것일까?

실시간 경로탐색에서 사용자가 원하는 목적지를 입력하고 경로탐색을 요청하면 무선 통신을 통해 경로탐색 서버로 전송된다. 그 다음 서버가 가지고 있는 실시간 교통정보와, 그 교통정보를 예측할 수 있는 히스토리컬 정보를 통해 경로를 탐색하고, 다시 차량으로 결과를 보내준다.[3]

---

3) 최적의 경로를 제공하는 실시간 경로탐색, 현대자동차, 2019.06.27

<h2 style="text-align:center">ii) 첨단 운전자 보조시스템(Advanced Driver Assistance System;ADAS)[4][5]</h2>

ADAS는 운전자의 운전에 도움을 주는 시스템으로, 운전자의 운전 피로를 감소시키고 안전한 운전에 도움을 준다. ADAS는 완벽한 자율주행자동차를 개발하기 위해 선행되는 핵심기술로써, 거듭된 발전을 통해 자율주행에 점차 가까워질 것으로 예상된다.

ADAS의 핵심기술은 다음과 같다.

① ACC(Adaptive Cruise Control; 적응형 크루즈 컨트롤)

ACC는 교통 환경에 따라 속도를 조절할 수 있는 기능으로, 교통 환경에 따라 속도를 조절할 수 있는 기능을 가지며, 운전자의 개입 없이 자율적으로 속도를 낮추거나 높일 수 있다. 속도를 조절하는 것에서 나아가 앞선 차와 일정한 간격을 유지하며 주행하고, 정차와 재출발 기능까지 포함하는 ASCC(Adaptive Smart Cruise Control)가 부분 자율주행차에 장착되고 있다.

고속도로 주행보조(Highway Driving Assist, HDA) 시스템은 ACC와 유사한 기능을 갖는 운전자 보조 시스템으로, 고속도로 및 자동차 전용도로 등 특정 주행 상황을 감안하여 운전 부하를 저감하기 위해 운전자가 설정한 속도, 안전거리 및 차로 중앙을 유지하며 주행할 수 있도록 조향 및 가감속 제어가 가능한 시스템이다.

[그림 8] ACC 작동예시

② IPAS(Intelligent Parking Assis System; 주차 조향보조시스템)

IPAS는 차량 스스로 주차 위치를 탐색하고 조향하는 기능을 가지며, 운전자의 변속기·페달 구동만으로 주차를 가능하게 한다. 스마트 주차 보조 시스템(Smart Parking Assist System, SPAS)은 여러 센서를 통해 주변의 장애물을 감지하고 자동으로 차량의 스티어링 휠을 조작하여 주기 때문에 운전자는 음성 신호에 따라 브레이크만 조작하면 주차가 완료된다.

---

4) ADAS 등 자율주행차 관련 기술 동향, 교통과학연구원, 2016.10
5) 자율주행차, 한국 IR 협의회, 2019.10.24

③ LDWS(Lane Departure Warning System; 차선 이탈경보시스템)

 LDWS는 운전자 부주의로 주행 차선 이탈 시 운전자에게 경고 메시지 및 차선교정 역할을
한다. 초기 시스템은 핸들의 진동 혹은 경고음 등의 차선이탈 경고 기능 중심이었으나, 최근
의 시스템은 핸들을 직접 조향하는 차선 유지 및 복귀 기능인 주행 조향 보조 시스템(Lane
Keeping Assist System, LKAS)을 포함한다.

④ AEB(Autonomous Emergency Braking; 긴급상황 자동 브레이크)

 AEB는 차량의 충돌·추돌 등 사고발생이 예상되면(보행자 포함) 브레이크를 직접 작동하여
사고를 방지하는 기술이다.

⑤ DSMS(Driver State Monitoring System; 운전자 상태감지 시스템)

 DSMS는 운전자가 운전 중 일정시간 동안 전방을 주시하지 않거나 졸음운전, 휴대전화 또는
내비게이션 사용 등일 때 경보를 울리는 기술이다.

⑥ 동작인식(Motion Recognition)

 동작인식 기술을 이용하면 주행 중 에어컨을 켜거나 음악을 재생하고 싶은 경우 손동작을 인
식시키면 차량 주변 기기가 직관적으로 조작되어 원하는 조작을 수행할 수 있다.

⑦ IVR(Interactive Voice Recognition; 대화형 음성인식)

 IVR은 자동차가 명령이 아닌 대화 형태의 음성을 인식하여 각종 미디어를 제어해 정보를 제
공받는 기술이다. 즉, IVR은 운전자와 자동차가 직접 대화를 주고받는 형식으로 전화, 문자메
시지, 캘린더, 음악재생, 지도, 날씨, 주식, 검색 등 다방면에서 지원된다.

⑧ AR(Augmented Reality; 증강현실)

 증강현실은 실제 세계에 3차원 가상 이미지를 겹쳐 하나의 영상으로 보여주는 기술이다. 자
동차 내비게이션에 적용된 증강현실은 기존의 지도 이미지를 통해 경로를 안내하던 방식에서
실제 카메라로 촬영한 전방 영상을 덧댐으로써 보다 입체적이고 구체적인 길잡이를 가능하게
한다.

⑨ 나이트 뷰(Night View)

 나이트 뷰는 야간운전 시 시인성을 높이기 위해 영상을 통하여 전방 장애물을 스스로 감지하
는 기능을 가지며, 보다 안전한 야간 운행을 가능하게 하는 기술이다. 현재의 야간 시야 확보
시스템이 도로 앞을 더 밝게 비춰주거나 혹은 사람의 눈으로는 볼 수 없는 곳의 차량, 보행
자, 장애물 등을 탐지하여 경고한다면, 미래에는 충돌방지 시스템(Collision Avoidance
System, CAS)과 통합되어 운전자가 미처 대응하지 못하더라도 자동으로 탐지 및 회피하는
방향으로 발전할 것이다.

⑩ BSD(Blind Spot Detection; 사각지대 감지)

 BSD는 운전자가 확인하지 못하는 사각지대를 감지하여 운전자에게 인지시키는 장치로 후방
경보 시스템을 이용하여 사각지대의 차량 및 장애물을 감지 및 경고하는 기술이다.

사각지대 경보장치(Blind Spot Assist), 차선변경 지원시스템(Lane Change Assist), 후측방 충돌방지 시스템(Active Blind Spot Detection), 후측방 모니터링 시스템(Blind-Spot View Monitoring), 후방 교차 충돌방지 시스템(Rear Cross-Traffic Collision-Avoidance Assist) 등이 있다.

⑪ LBA(Low Beam Assist, 로우 빔 보조)/HBA(High Beam Assist, 하이 빔 보조)
　LBA와 HBA는 야간 및 저조도 환경에서 전방 가시거리를 확보하기 위해 차량의 추가 램프 작동 여부와 하향등 방향 제어하며, 눈부심을 최소화하면서 전방 가시거리를 최대한 확보하기 위해 하이빔 작동 여부를 제어하는 시스템을 말한다.

iii) 판단 기술[6]

① FCW(Forward Collision Warning; 전방충돌 경고)
 FCW는 주행차선의 전방에서 동일한 방향으로 주행 중인 자동차를 감지하여 전방 자동차와의 충돌 회피를 목적으로 운전자에게 시각적, 청각적, 촉각적으로 경고를 해주는 기술이다.

② UWS(Ultrasonic Warning System; 근거리 물체 경고)
 UWS는 초음파 센서를 이용하여 사방 근거리의 물체를 감지하고 경고하는 기술이다.

③ SOWS(Side Obstacle Warning System; 차선변경 경고)
 SOWS는 차선 변경 시 접근 차량 유무를 경고하는 기술이다.

④ DWS(Drowsiness Warning System; 졸음운전 방지)
 DWS는 핸들조작 및 차량운행 상태 등에서 변동을 파악하여 음성이나 향기, 진동 등으로 경고하는 기술이다.

⑤ VES(Vision enhancement System; 양호한 운전 시계 확보)
 VEW는 악천후나 야간에 운전 시계를 양호하게 확보하여 인지도를 높여 사고를 예방하는 기술이다.

⑥ LKAS(Lane Keeping Assistance System; 차선유지 보조)
 LKAS는 주행하고 있는 차로를 운전자의 의도와 무관하게 이탈하려는 것을 감지하여 운전자에게 경고해 주고 운전자의 반응이 없거나 차선을 이탈한다고 판단되는 경우, 차선 이탈방지를 위할 목적으로 본래 주행중이던 차로로 복귀하도록 제어하는 기술이다.

⑦ CAS(Collision Avoidance System; 충돌 회피)
 CAS는 차량 주변의 레이더나 카메라를 통해 주변 차량의 상태나 교통상황을 감지하고 능동적으로 충돌을 회피하는 기술이다.

⑧ APAS(Automatic Parking Assistance System; 자동주차 지원)
 APAS는 주차 지역 내의 장애물과 주차 가능 공간을 인식하고 조향과 제동 액추에이터로 자동 주차를 수행하여 운전자의 주차 조작을 보조하는 기술이다.

---

6) 자율주행자동차 기술개발 및 서비스 동향, 최윤혁, 정보통신기술진흥센터, 2016.09.21

3) 차량제어
i) MDPS(Motor-Driven Power Steering)[7]

 MDPS라고도 불리는 전동식 조향장치(EPS·Eletronic Power Steering)는 모터의 장착 위치에 따라 크게 C-Type, P-Type, R-Type 세 가지로 나뉜다. 각각 장단점 뚜렷해 차종별로 다른 타입의 MDPS를 장착하고 있다.

 모터가 스티어링휠에 바로 연결된 컬럼에 달리는 C-Type의 경우, 구조가 단순하고 모터가 엔진룸 근처에 위치하지 않아 내구성 및 공간 확보가 유리하다. 반면 바퀴와의 거리가 멀고, 그 사이에 다양한 장치들이 들어가는 만큼 최적 응답성을 담보하기는 힘들다. 또 컬럼이 큰 힘을 견딜 수 없기 때문에 중대형차와 같이 무게가 많이 나가는 차량의 경우에는 사용이 제한적이다.

 랙에 바로 연결돼 모터 구동력을 직접 전달하는 R-Type은 그만큼 효율과 출력이 우수하며, 조향감 튜닝이 용이해 조향 성능을 극대화할 수 있다. 하지만 엔진룸 근처에 모터가 위치하기 때문에 공간 활용이 불리하고, 단가가 오른다는 단점이 있다. 이 때문에 R-MDPS는 중대형차종과 SUV에 주로 적용된다. 모터가 컬럼과 랙 사이의 피니언에 장착되는 P-Type은 C와 R 타입의 사이라고 생각하면 쉽다.

ii) ESC(Electronic Stability Control)[8]

 ESC라고도 불리는 차량 자세 제어는 자동차가 주행 중 급격한 핸들 조작 등으로 노면에서 미끄러지려고 할 때 자동으로 제어하여 자동차 자세를 안정적으로 유지할 수 있도록 도와준다.

 ESC는 조향각, 횡가속도, 요 레이트(Yaw-rate), 휠 스피드 센서 등에서 계측한 정보를 종합해 차체의 자세가 안정적으로 유지되고 있는지 판단하고, 이러한 정보를 바탕으로 네 바퀴의 제동력을 각각 제어하는 방식으로 작동한다. 센서 중 어느 하나가 오작동하면 제어를 둔감화시키면서 나머지 정상 센서들이 고장 센서 계측값을 추정해 일시적으로 사용할 수 있는 여분의 작동 체계를 마련해놓고 있다.[9]

---

7) [카&테크]운전자 편의부터 자율주행까지 책임지는 전동식 조향장치 'MDPS', 전자신문, 2018.06.14
8) 자율주행자동차 기술개발 및 서비스 동향, 최윤혁, 정보통신기술진흥센터, 2016.09.21
9) [현대모비스 공학교실] 자율주행차 조향·제동장치 `듀얼모드` 설계가 대세, 매일경제, 2018.09.10

4) 자율주행 알고리즘[10]

 자율주행 자동차는 운전자를 대신하여 자율주행시스템이 자동차를 운행하기 때문에 운전자가 자동차를 주행하기 위해 필요한 모든 행동들을 대신할 수 있어야 한다. 또한, 자동차가 주행하는 교통환경은 차량뿐만 아니라 보행자, 자전거, 전동킥보드 등 다양한 객체가 서로 상호작용하는 복잡한 환경이기에 예기치 않은 변수에 대응하고 순간적으로 빠른 판단이 필요한 상황이 자주 발생할 수 있다. 이를 위해 자율주행 자동차는 사람운전자와 같이 인지된 각종 교통상황 정보를 종합하고 상황을 고려해 빠른 판단을 내릴 수 있는 기능이 필요하다. 이를 자율주행 자동차의 인지-판단-제어의 3가지 과정으로 일반적으로 정의한다. 자율주행 자동차는 차량에 장착된 각종 센서로부터 수집된 데이터를 종합하여 상황을 '인지'하고, 인지된 상황에 근거하여 차량을 어떻게 제어하고 주행해야 할지 '판단'하며, 이러한 주행제어 측면의 판단에 근거하여 차량을 '제어'한다.

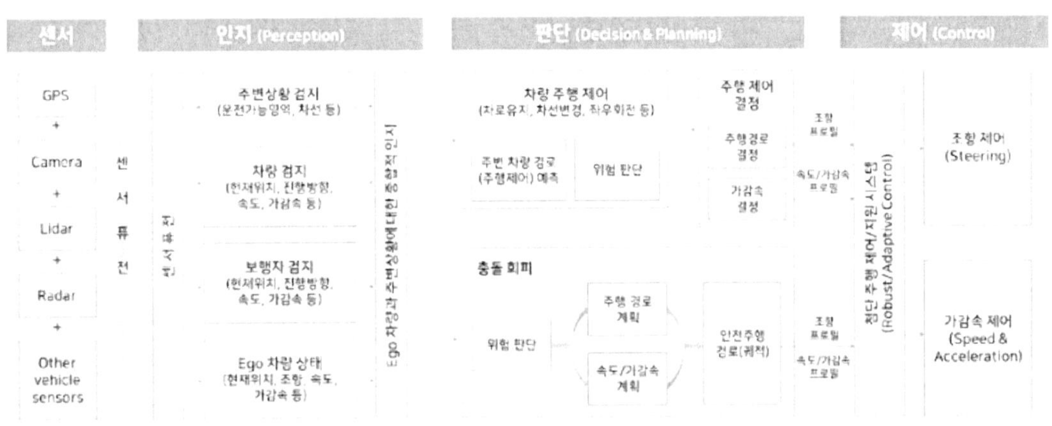

[그림 9] 자율주행 알고리즘 아키텍처

i) 인지

 자율주행을 위한 첫 번째 필수 기능은 사람의 눈과 귀 역할을 하는 카메라, 레이더, 라이다 등 센서 기술을 활용한 '인지'이다. 인지기술은 자율주행 자동차의 상황 판단 및 차량 제어의 기반이 되는 데이터를 수집하고 분석하는 기술이기에 정확하게 정보를 수집하여 센싱된 객체를 정확하게 판별해내는 능력이 그 어떤 것보다 중요하다. 센서를 하나가 아니라 여러 개 사용하는 이유 역시 정확한 인지를 위해서이며, 앞에서 언급된 센서만으로 정확한 정보를 파악하기 힘들거나 센싱된 정보를 검증해야 할 경우에 대비해 디지털맵, GPS, V2X 무선통신을 함께 사용하기도 한다. 가령, 센서를 통해 인지된 교통표지 정보에 대해 디지털맵을 통해 확인하고, 교통신호정보를 V2X 무선통신에 의해 수신하는 등 센서만으로 판단 내리기 어려운 상황에 대비하여 인지시스템의 구성을 다중화하는 것이다. 이 과정에서 다양한 센서로부터 수집되는 방대한 양의 정보를 빠른 시간 내에 처리해야 하므로, 이를 위한 차량시스템반도체 및 초고속통신인프라의 중요성 역시 높아지고 있다.

---

10) 자율주행 알고리즘, ICT Standard Weekly 제1057호

ii) 판단

　자율주행을 위한 두 번째 필수 기능은 인지된 상황정보에 근거한 차량제어 및 경로설정을 결정하는 '판단'이다. 일반적으로 자율주행 자동차의 판단기술은 주어진 상황에서 차량의 경로를 생성하는 기술로 이해할 수 있다. 예를 들어 차량의 전방에 정지차량, 보행자, 장애물 등이 인지되었을 때, 이를 피해갈 것인지 혹은 그대로 주행할 것인지 등을 판단하고, 전방위험상황을 회피한다고 할 때 그대로 정지할 것인지 혹은 차선변경을 할 것인지 등에 대한 다양한 경로대안을 고려하여 최적의 선택을 내리게 된다. 이를 위해 자율주행 알고리즘은 수많은 경로대안에 대해 충돌확률, 차량 내 승객 안전성, 이동효율성 등 다양한 측면의 효과를 분석하여 최적의 단일한 경로대안을 산출하게 된다.

　자율주행 자동차의 판단기술을 얘기할 때 나오는 이슈 중 하나가 트롤리 딜레마(trolley dilemma)이다. 트롤리 딜레마란 선로 변환기를 손에 쥔 사람이 선로를 변경하면 1명이 죽지만 5명을 살릴 수 있고, 선로를 변경하지 않으면 1명을 살리지만 5명이 죽을 수밖에 없는 상황에서 하나를 선택해야 하는 사고 실험이다. 트롤리 딜레마는 운전자의 지시 없이 원하는 목적지까지 알아서 주행해야 하는 자율주행 자동차가 '판단' 측면에서 경험하게 될 대표적인 악의 상황으로 여겨진다. 미국 매사츠추세스 공대(Massachusetts Institute of Technology) 연구팀의 '자율주행차가 누군가를 죽이도록 설계되어야 하는 이유(Why Self-Driving Cars Must Be Programmed to Kill)'라는 논문에서는 자율주행차 버전의 다양한 트롤리 딜레마를 소개하고, 합당한 의사결정에 대한 논의가 필요하다고 주장하였다. 이들 MIT 연구진은 모랄머신(moral machine)이라는 웹사이트를 통해 자율주행차와 같은 인공지능의 윤리적 결정에 대한 사회적인 인식을 수집하고 있다.

iii) 제어

　자율주행을 위한 세 번째 필수 기능은 주변 교통상황에 대한 상황 판단에 근거한 '제어'이다. 자율주행 자동차의 제어는 눈, 귀와 같은 감각기관을 통해 수집된 정보를 두뇌가 판단하여 팔이나 다리 등을 통해 움직이게 하는 것에 비유할 수 있으며, 이는 차량 측면에서의 감속, 가속, 정지, 회전 등으로 표현되곤 한다. 차량의 제어는 자율주행의 마지막 단계로 차량의 파워트레인, 브레이크, 스티어링 등을 통해 수행된다. 예전에는 기계적인 힘에 의해 조작되던 것들이 최근에는 차량 내부통신규격인 CAN 통신에 의해 MDPS모터, 엔진제어기 등에 기반한 전자제어 방식으로 변화하고 있다. 자율주행 시스템에서는 스마트크루즈 컨트롤시스템(SCC, Smart Cruise Control), 차선유지 지원시스템(LK AS, Lane Keeping Assist System)등의 첨단안전 차량제어시스템 등을 통해 앞에서 언급한 차량의 기계적인 장치에 기반한 더욱 안전하고 효율적인 차량제어를 지원한다.

3. 문제점

1) 해킹[11)

 자율주행차는 크게 두 가지 종류의 센서를 활용하고 있다. 첫째는 카메라처럼 외부 정보를 받아들이기만 하는 패시브 센서이고, 둘째는 라이다처럼 스스로 신호를 발신해 돌아오는 정보를 토대로 상황을 인식하는 액티브 센서로, 둘 모두 외부상황을 탐지하는 매개체로 '빛' 혹은 '주파수'를 사용한다.

 카메라는 빛을 받아들여 영상화 함으로써 주행중인 자동차의 주변환경을 파악하고, 라이다는 발신한 주파수와 되돌아온 주파수의 차이를 분석해 주행상황을 탐지하기 때문에, 자율주행차에 달린 카메라와 라이다를 향해 실제 상황과 다른 빛, 다른 주파수를 쏘면 자동차를 교란시킬 수 있다. 이와같은 센서에 대한 공격은 전파 신호를 사용하기 때문에 광범위한 피해가 발생할 수 있어 심각한 문제를 야기할 수 있다.[12)

 실제로 편집된 빛과 주파수를 발신해 자율주행차 전방에 존재하는 장애물을 인식하지 못하게 만들거나, 혹은 없는 장애물을 가짜로 인식시킨 실험이 성공한 바 있다. 이럴 경우 자율주행차가 장애물에 충돌하거나, 혹은 멀쩡한 도로에서 급정거할 수 있다.

 자율주행차의 현재 위치파악에 중요한 정보를 제공하는 GPS 또한 재밍(전파교란)기술로 교란이 가능하다. 실제로는 좁은 동네도로를 달리고 있는 자율주행차에 GPS교란전파를 쏘아 제한속도 100km인 고속도로 위에 있는 것처럼 잘못 인식시킬 경우, 시속 30km인 동네 도로에서 갑자기 시속 100km로 가속하게 만들 수 있다.

 자율주행차는 GPS, 레이더, 라이다, 카메라 등 다양한 센서를 사용하고 있다. 하지만 이런 센서들은 외부에서 들어오는 정보를 그대로 받아들이기 때문에 외부 공격에 취약한 문제점을 가지고 있다. 또한

 특히 GPS 공격 장치는 시중에서 쉽게 낮은 가격으로 구매할 수 있어 문제가 심각하다. 미국의 텍사스대학은 GPS와 동일한 형태로 잘못된 정보를 보내는 'GPS 기만 공격'을 통해 잘못된 위치를 인식하게 만들 수 있음을 실험을 통해 보였는데, GPS가 자율주행차가 현재 위치를 파악하는데 큰 도움을 주고 있다는 것을 감안하면 등골이 서늘해지는 문제가 아닐 수 없다. 또한 레이더와 라이더도 마찬가지로 특정 주파수에 노출되면 무력화되는 것이 해외학회에서 소개되며 이에 대한 대응방안이 속히 개발될 필요가 있다.

 또한, 최근 자율주행차는 자체 센서와 GPS 외에, 이동통신망 같은 외부 공용 통신 인프라를 통해서도 데이터를 제공받는다. 그러나 수백 수천만 대의 자동차가 자체 센서 아닌 공용 통신 인프라를 통해 움직이는 것은 중앙 시스템에 장애가 발생할 경우 더 큰 위험을 초래할 수 있다.

---

11) [Erin 칼럼] 자율주행차를 해킹 없이 해킹하는 방법, MotorGraph, 2019.05.13
12) 자율주행 자동차는 정말 안전할까, 공승현(KAIST)

이동통신망은 비교적 해킹이 어렵다고 알려져 있지만, 이 또한 보안이 뚫린 게 이미 수년 전이고, 기지국 해킹을 통해 LTE망으로 자율주행 중이던 자동차를 멈춰 세우는 실험도 이미 성공한 바 있다.

2) 사고 책임

자율주행차를 타고 도로를 달리다 사고가 난다면 과연 누구의 과실일까? 현행법상 자율주행차를 이용하더라도 사고가 발생하면 '운전자'의 과실로 형사상 처벌 대상과 민사상 손해배상 책임 주체는 운전자이다. 하지만 교통사고 처리 특례법과 도로교통법상 운전자는 '사람'을 의미하고 있으며 형법상 업무상 과실치사도 '사람'에게 적용되기 때문에 엄밀히 따지자면 자율주행차에서 '사람'의 역할을 하고 있는 인공지능은 사람으로 볼 수 없으므로 책임 주체가 모호해지는 문제가 발생한다.

또한 소프트웨어의 결함으로 인해 사고가 발생하는 경우 제조물책임법상 무체물인 소프트웨어는 제조물에 해당하지 않기 때문에 책임을 묻기가 힘들다는 문제점이 있다. 만약 책임을 물을 수 있다 하더라도 이를 위해선 소프트웨어의 하자를 증명해야 하는데 다양한 기술이 융합되어 있는 자율주행차의 하자를 입증하는 것이 쉽지 않다.

3) 트롤리 딜레마

도로를 주행중인 자율주행차 앞에 다섯 명의 사람들이 있다. 다섯명의 사람들을 피하기 위해 핸들을 꺾는다면 인도에 서있던 한명의 사람을 치게 된다. 과연 다섯 명의 사람들을 구하기 위해 한명의 목숨을 희생할 수 있을까? 그리고 이것은 정당한가? 이처럼 인명피해를 피할 수 없는 상황에서 다수를 구하기 위해 소수를 희생할 수 있는지를 판단하게 하는 문제 상황을 우리는 '트롤리 딜레마'라고 부른다.

위와같은 트롤리 딜레마는 자율주행 중 언제든 발생할 수 있는 상황이며 이러한 상황에서 자율주행 알고리즘이 어떤 결정을 하도록 프로그램을 작성해야 하는지는 여전히 자율주행이 해결해야할 큰 문제로 남아있다.

4. 기대 효과

1) 교통사고 감소

[그림 10] OCED 회원국 교통사고 발생건수 (단위: 명)
[출처: 교통사고분석시스템]

국내 교통사고분석시스템(http://taas.koroad.or.kr)을 이용하면, OECD국가 교통사고 발생 현황을 볼 수 있다. 2022년 8월 기준 2018년도까지 OECD국가 교통사고 발생건수 데이터를 제공하고 있기 때문에 본 보고서에서는 가장 최근 데이터인 2018년 데이터를 이용하여 OECD국가 교통사고 발생현황을 살펴보도록 하겠다.

2018년 OECD회원국의 교통사고 발생건수를 비교해 보면 우리나라는 OECD 평균인 113,125건에 비해 약 2배 많은 217,148건이 발생했으며, OECD 35개국중 4위를 차지했다. 이때, 칠레의 데이터는 수집되지 않아 제외했다.

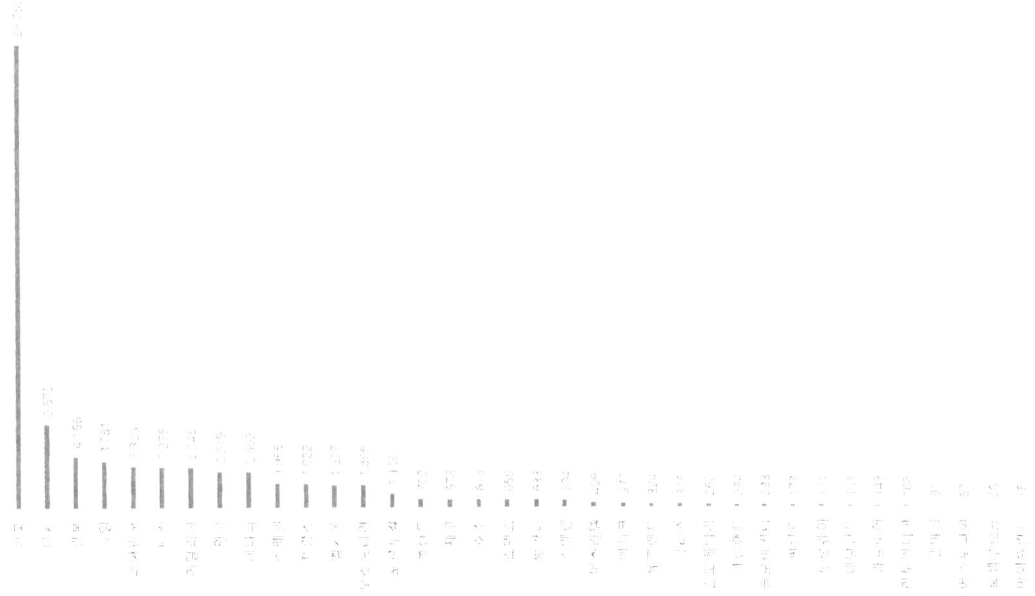

[그림 11] 2018년 OECD국가 교통사고 사망자 수 (단위: 명)
[출처: 교통사고분석시스템]

2018년 OECD회원국 교통사고 사망자 수를 비교해 보면 우리나라는 OECD 평균인 2,297건
에 비해 약 0.6배 많은 3,325건이 발생했으며, OECD 36개국 중, 5위를 차지했다.

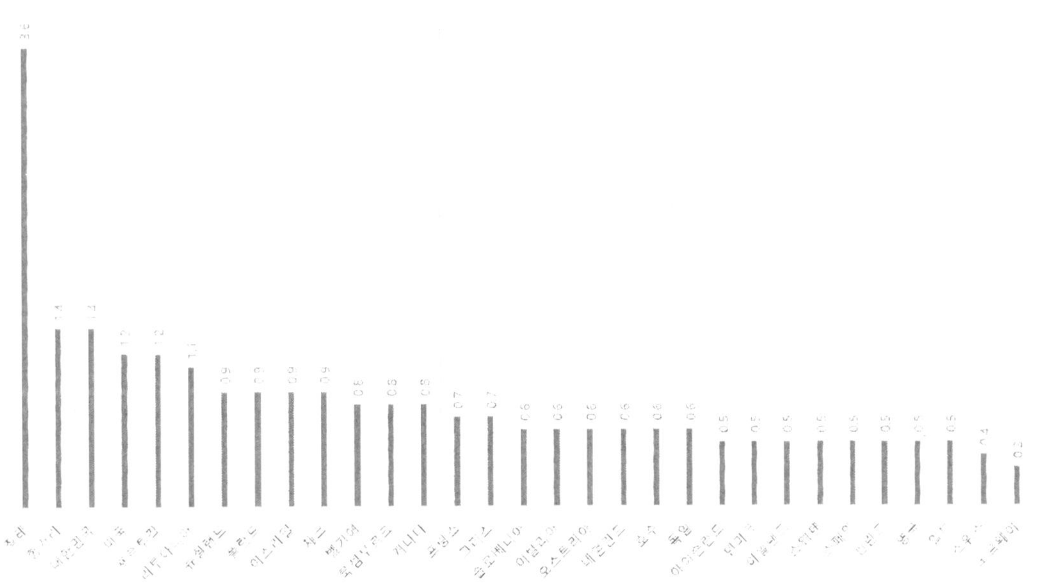

[그림 12] 2018년 자동차 1만 대당 사망자 수 (단위: 명)
[출처: 교통사고분석시스템]

2018년 자동차 1만 대당 교통사고 사망자 수에서도 우리나라는 1.4건으로 자료가 파악된 31개국 중 3번째로 많이 발생하였으며, OECD회원국 평균인 0.82건에 비해서도 약 1.5배가량 많이 발생하는 것으로 나타났다.

[그림 13] 국내 교통사고 발생 현황 (단위: 명)
[출처: 교통사고분석시스템]

국내에서는 해마다 교통사고 사망자 수가 3,000명 이상의 수준을 기록하고 있다. 해마다 지속적으로 감소하는 추세를 보이고는 있으나, 여전히 지난 2021년 한 해동안 교통사고로 인한 사망자수가 2,916명으로 높은 수준을 기록했다.

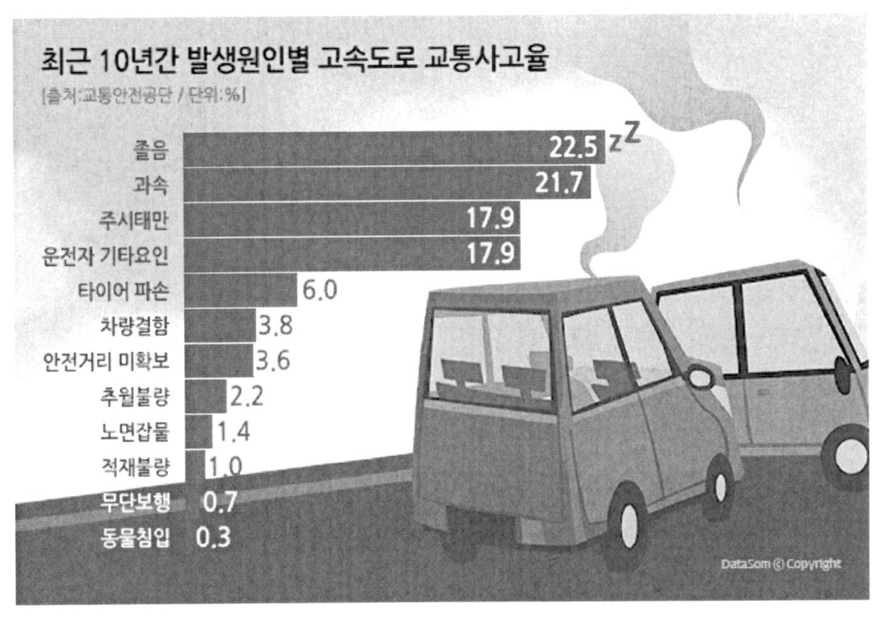

[그림 14] 최근 10년간 교통사고 발생원인
[출처: Datasom.co.kr]

국내에서 발생한 교통사고의 발생원인을 살펴보면 대부분이 졸음, 과속, 주시태만과 같은 운전자 과실이 원인이었다. 따라서 향후 자율주행차가 도입된다면 운전자가 운전을 하지 않게 되면서 교통사고가 현저히 줄어들 것으로 예상된다.

2) 교통정체 해소 및 완화

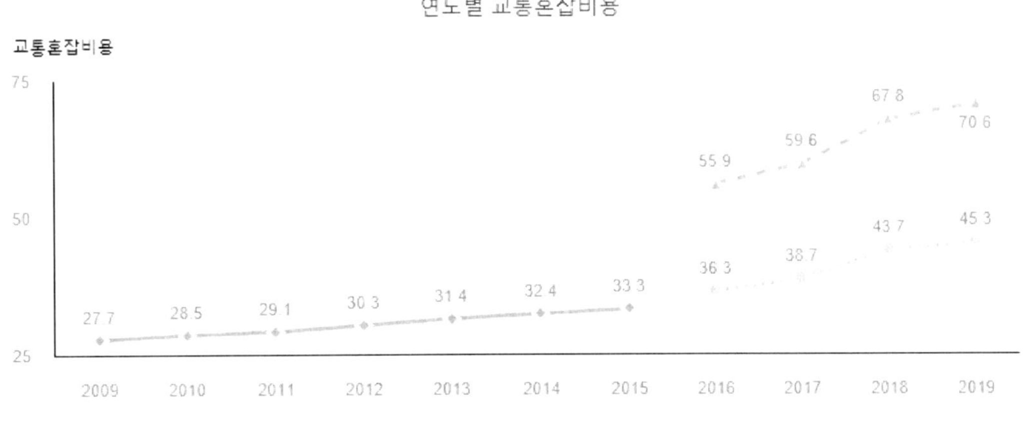

[그림 15] 교통혼잡비용 변화 추이 [출처: e-나라지표]

e-나라지표에서는 2022년 8월 기준 2019년까지의 교통혼잡비용 변화 추이 정보를 제공하고 있다. 교통혼잡비용은 차량운행비용과 시간가치비용의 합으로 이루어져있다. 이때, 차량운행비용은 고정비(인건비, 감가상각비, 보험료, 제세공과금 등)와 변동비(연료소모비, 유지정비비, 엔진오일비 등)를 통해 산출되며, 시간가치비용은 수단별(승용차, 버스), 목적별(업무, 비업무) 재차인원의 시간가치비용을 적용했다.

교통혼잡비용은 교통시설, 체계 등 교통난 완화를 위한 교통 정책자료로 활용되어 도로 신설/확장 등 도로시설 개선여부 및 대중교통시설 개선여부를 설정하는데 사용되고, 혼잡완화를 위한 혼잡통행료 부과, 교통유발부담금 제도, 교통혼잡특별구역지정 등 교통수요관리 정책을 수립하는데 자료로 활용된다.

앞서 살펴본 교통혼잡비용을 통해 우리는 매년 교통정체에 따른 경제적 손실이 매우 크다는 것을 알 수 있다. 향후 자율주행차가 발전할수록 차를 필요할 때만 빌려서 쓰는 '카 셰어링'이 보편화될 것이며 이에 따라 전체 자동차수가 감소하면 도로 정체가 해소될 것이다. 또한 병목구간이나 합류점, 교통법규 미준수와 같은 요소로부터 기인된 원인을 감안하면 자율주행차량을 통한 교통정체 해소 및 완화를 예상할 수 있다.

3) 고령화 사회의 대응 측면

통계청이 2019년 9월 발표한 '세계와 한국의 인구 현황 및 전망'에 따르면 한국의 65세 이상 고령인구비중은 2045년에 37.0%로 일본(36.7%)을 넘어선다. 이는 유엔의 201개국에 대한 세계인구전망과 통계청의 2017~2067년 장래인구특별추계를 비교분석한 결과로, 한국의 고령인구 비중은 2019년 14.9%에서 2067년 46.5%까지 전 세계에서 가장 빠른 속도로 커질 전망이다.[13]

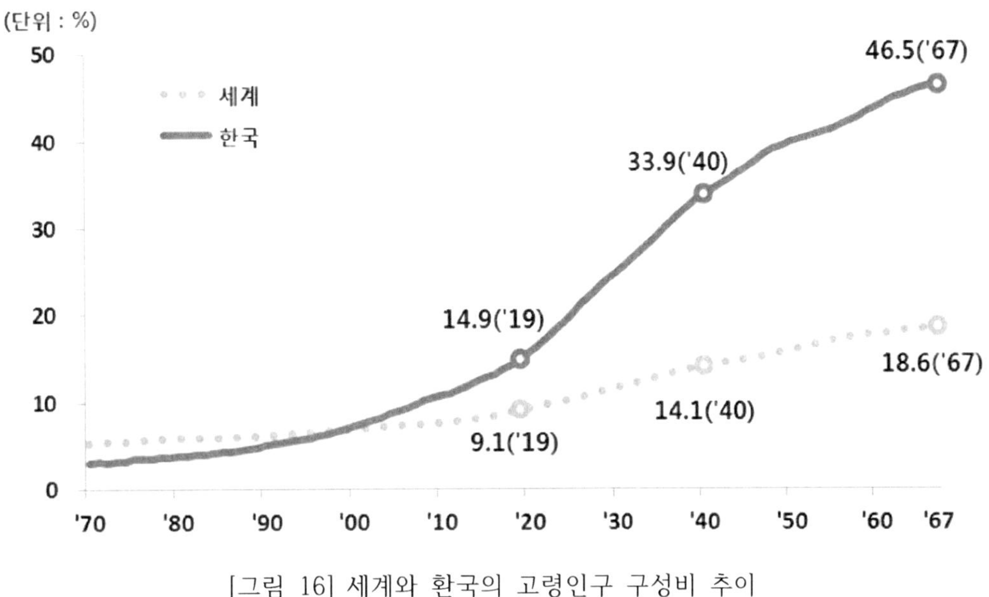

[그림 16] 세계와 환국의 고령인구 구성비 추이

최근 5년간 65세 이상의 고령운전자 사망자수는 급속하게 증가하고 있다.

---

13) 한국, 2045년에 노인비중 세계 최고…"가장 빠르게 고령화", 연합뉴스, 2019.09.02

구분	비고령운전자(65세 미만)			고령운전자(65세 이상)		
	발생건수	사망자수	부상자수	발생건수	사망자수	부상자수
2016년	191,526	3,532	290,530	24,429	759	35,687
2017년	185,063	3,336	279,152	26,651	848	38,563
2018년	182,929	2,934	274,815	29,977	843	43,427
2019년	196,361	2,580	293,489	33,239	769	48,223
2020년	178,582	2,361	261,925	31,072	720	44,269
2021년	171,289	2,207	246,895	31,841	709	44,713

[표 4] 2016 ~ 2021년 6년간 고령운전자와 비고령운전자 교통사고 추세
[출처: 교통사고분석시스템]

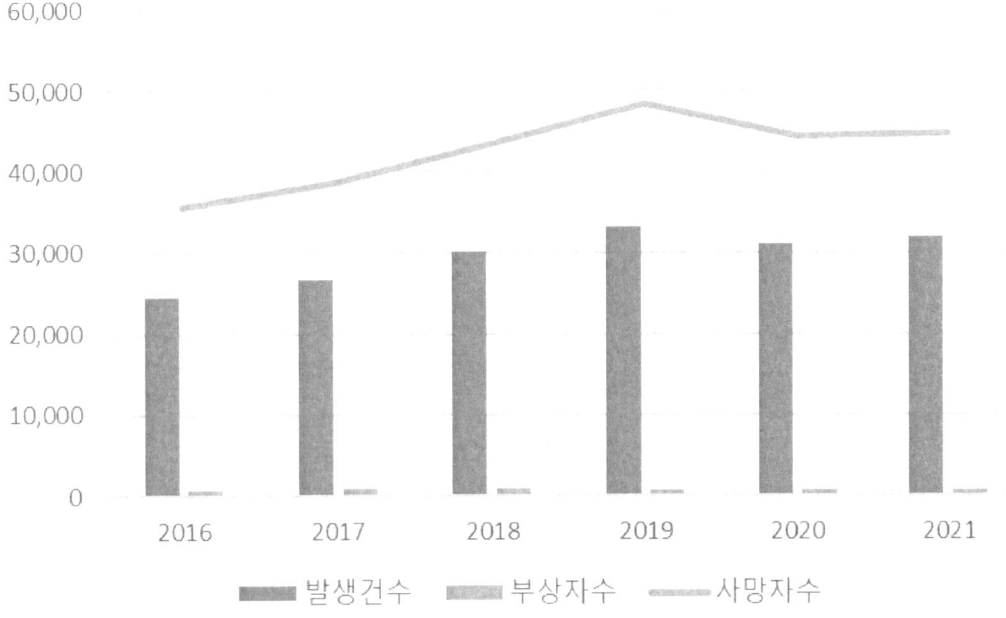

[그림 17] 2016~2021년 6년간 고령운전자 사고 유형별 교통사고 추세 (단위: 명)

　고령운전자의 운전행동 특성을 살펴보면 비고령운전자에 비하여 평균속도 및 과속빈도가 낮게 나타나지만, 인지반응시간이 증가하여 돌발상황에서 안전운전에 취약한 것으로 조사되었다. 이처럼 운전자의 고연령화는 인지, 대응속도 저하로 사고 발생 가능성을 높인다. 하지만 자율주행차가 보급되면 운전자의 운전능력이나 인지 수준에 무관하게 주행을 할 수 있으므로 운전자의 고연령화에 따른 사고 유발을 줄일 수 있을 것으로 예상된다.

구분	일반운전자	고령운전자	차이변화율(%)
과속빈도(회)	1.40	0.22	-84.2
평균속도(km/h)	30.98	24.45	-21.1
출발 반응시간(1/100s)	62.70	73.35	+17.0
돌발상황 도심 반응시간(1/100s)	70.0	141.12	+101.6
돌발상황 고속도로 반응시간(1/100s)	107.0	125.57	+17.4

[표 5] 고령운전자와 비고령운전자의 운전 특성 비교
[출처: 국토정책 Brief]

구분	교통사고 감소	교통 정체 해소, 완화	고령화 대응
현 상	■ 교통사고로 연간 3,781명 사망(2018년) - 사망사고의 대부분은 운전자의 법규위반에 기인	■ 정체에 따른 경제활동 손실, 도로주변 환경 악화 등의 부적절한 차간거리와 가,감속	■ 고령 운전자의 교통사고 유발 증가 ■ 고령화에 따른 운전능력 저하 등이 요인 ■ 지방을 중심으로 고령자의 이동 수단 감소 ■ 열악한 대중교통, 고령화에 따른 운전능력 저하 등이 요인
기대 기술	■ 자동 긴급 제동 ■ 안전속도 관리 ■ 차선 유지 등	■ 안전한 차간거리 유지 ■ 적절한 속도 관리 (급가속, 감속 방지) 등	■ 각종 자율주행 기술
효 과	■ 운전자의 실수에 의한 사고 방지 - 국토부, 자율주행차 상용화시 2025년까지 교통사고 사망자 수가 절반 수준으로 줄 것으로 전망 - McKinsey는 자율주행차가 미국 내 교통사고 90%를 줄일 수 있다고 예측	■ 정체로 연결되는 운전 억제	■ 고령자 운전능력 보완대체를 통한 고령자 이동수단 확보 ■ 대중교통 보완(대중교통 정류장으로부터 목적지까지 자율주행)

[표 6] 자율주행차 도입에 따른 기대 효과

Ⅲ. 자율주행 자동차 기술동향

III. 자율주행 자동차 기술 동향
1. 글로벌 기술 동향14)15)
1) 자율자동차 관련 안전규범

자동차 및 기술업체들은 자율주행차에 대한 안전성을 확보하고, 기술 개발의 속도를 내기 위하여 상호 협력을 통해 자율자동차 관련 안전규범을 확보했다. GM과 포드, 토요타 등의 기업은 '자율주행차 안전 컨소시엄'을 설립하여 운전자 개입이 없는 4, 5단계 자율주행차의 시험, 개발 및 배치를 위한 안전 체계를 만드는 작업을 진행할 예정이다. 인텔(Intel)은 자동차 업체 10개사와 협력하여 자율주행차 실용화에 필수적인 안전지침인 '자율주행용 안전제일(Safety First Automated Driving)' 프레임워크를 배포하여 실제 생산 시 어떠한 안전 기준에 따라 실행해야 하는지에 대한 기준을 제시했다.

No.	안전지침	No.	안전지침
1	안전주행 (Safe operation)	7	운전자와 차량 시스템 간 상호의존성 (Interdependency between the vehicle operator and ADS)
2	운영설계도메인 (Operational design domain)	8	안전 평가 (Safety assessment)
3	운전자 제어권 이양 (Vehicle operator-initiated handover)	9	데이터 기록 (Data recording)
4	보안 (Security)	10	피동안전계통 시스템 (Passive safety)
5	사용자 책임 (User responsibility)	11	교통 및 안전 계층에서의 움직임 (Behavior in traffic)
6	차량 제어권 이양 (Vehicle-initiated handover)	12	안전장치 (Safe layer)

[표 7] 인텔 자율주행차 안전지침

2) AI 기술 개발의 증가

글로벌 ICT 업체들은 상황 판단 및 주행전략 수립을 위한 AI기술 개발에 매진하고 있다. 구글의 자율주행차는 300여 개의 센서를 통해 초당 1GB의 데이터를 생성하며 이를 처리하기 위한 AI컴퓨터의 데이터처리 능력은 초당 120조 회 연산이 가능한 120TOPS로 PC의 2,300배에 달한다.

---

14) 자율주행기술, 한국과학기술기획평가원 2019
15) 유망시장 Issue Report -자율주행차, 연구개발특구진흥재단, 2021.07

GPU는 동시다발적으로 발생하는 정보를 한꺼번에 처리할 수 있기 때문에 레이더와 라이더, 카메라, 센서 등이 동시에 처리해야 하는 자율주행차에 있어는 매우 중요한 요소다. 2019년 엔비디아는 자율주행 인식과 AI 기술 등이 탑재되어 있는 자율주행 솔루션인'엔비디아 드라이브 오토파일럿'을 공개했다.

향후 자동차 제조업체들은 해당 솔루션을 활용해 성능과 안전 측면에서 기존의 ADAS 제품보다 한층 발전된 정교한 자동운전 기능 및 지능형 조종석 지원, 시각화 기능 등을 선보일 수 있을 것으로 기대된다.

3) 정밀지도의 중요성 부각

자율주행이 고도화되면 차량, 도로시설물 등의 정확한 위치정보가 요구되므로 실시간 업데이트되는 정밀지도의 중요성이 부각되고 있다. 미국 ICT 업체(구글, 애플, 우버 등)들은 독자적으로 지도 서비스 부문을 강화하고 있으며, 일본의 경우에는 정부가 민간기업들과 협력해 HD맵 실용화를 추진 중이다.

일본에서는 2016년 6월 6개의 차량 내비게이션 업체와 9개 차량 제조사, 정밀지도용 차량 업체 등이 '동적지도구상(Dynamic Map Planning)'이라는 회사를 설립해 HD맵 구축을 위한 공동 대응전략을 펼치고 있다.

유럽에서는 HERE가 약 4,300km의 도로 DB를 구축했으며, 196개국에 50개 언어로 차량용 지도 서비스 중으로 독일 3사를 비롯하여 싱가포르 국부펀드 GIC, Navinfo, 중국 Tencent등 인수기업과 컨소시엄을 구성해 공동으로 정밀지도 기술을 개발 중이다.

4) 차량용 5G의 등장

차량용 5G 통신 등장에 따라 기존보다 5~20배 빠른 속도로, 차량밀집 구간에서도 지연이나 단절없이 안전한 데이터 송수신이 가능할 전망이다. 자동차용 5G통신 표준개발을 위한 협의체를 통해 사업분야를 초월한 협렵이 진행중인데, 퀄컴과 자동차 회사인 BMW, 다임러, 포드 통신사인 에릭슨, 화웨이, 노키아 등으로 2016년 9월 구성된 5GAA는 커넥티드카 통신 솔루션 개발을 위해 출범했다. 현재는 자동차, 통신, IT, 인증, 학계 등 70여개 기관이 참여해 차세대 통신 표준 개발을 위한 협력과 교류를 진행하고 있다.

5) 차량 공유 패러다임 등장

4차 산업혁명 시대에 접어들면서 공유경제와 온디맨드 경제를 확산시키는 기술적/문화적 기반이 마련되었고, 이는 전세계적으로 차량의 소유에서 공유로의 패러다임 전환을 야기했다. 자율주행 패러다임의 확산으로 인해 다양한 고객 중심 서비스가 출시되었으며, 크라우드 소싱 물류, 마이데이터 서비스, 스마트 결제 서비스, 통합 모빌리티 서비스 등 고객의 새로운 니즈를 충족하는 융합 서비스 탄생했다.

더불어 자율주행차에 새롭게 부상하는 공유경제의 개념이 접목되면서, 차량 공유 플랫폼이 모빌리티의 새로운 패러다임으로 부상하고 있다. 차량 공유 플랫폼은 차량을 여러 사람이 필요한 시간에 맞춰 나눠쓰거나, 스마트폰으로 호출해 택시처럼 이용하거나, 목적지가 비슷한 사람을 찾아 한 대에 여러 명이 함께 타고 이동하는 등 공유경제 시대의 대표적인 플랫폼으로 자리 잡고 있다.

차량 공유 플랫폼은 기존의 모빌리티 가치 사슬을 통합하며, 전통적인 자동차 산업을 혁신하고 있으며, 플랫폼 기업을 중심으로 자율주행 산업의 생태계가 재편될 것으로 전망된다.

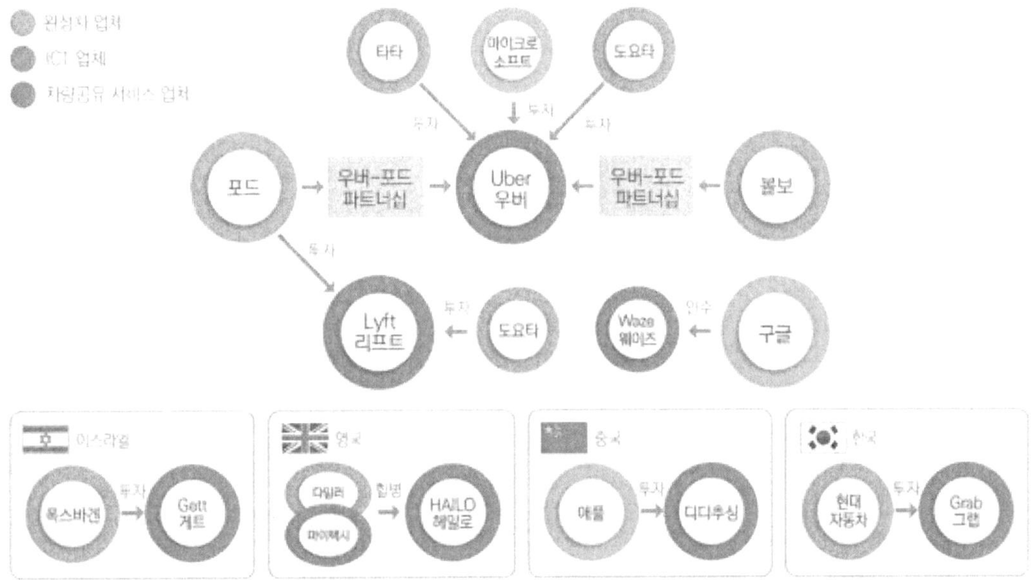

[그림 18] 자율주행 산업 합종 연횡의 중심, 차량공유 플랫폼

6) 상용화 현황[16]

자율주행 기술 선도 국가는 미국이며 국내 기술 수준은 2019년 기준 세계 최고 기술국 대비 82.4% 정도의 기술 수준을 보유하고 있다.

구분	미국	EU	일본	중국	한국
KISTEP	100.0	95.5	93.8	62.0	78.8
KEIT	100.0	98.3	93.9	72.6	82.1
IITP	100.0	100.0	92.7	88.0	82.4

[표 8] 주요국 자율주행차 기술수준

---

16) 미래자동차 글로벌 가치사슬 동향 및 해외 진출전략, KOTRA, 2021.03

ⅰ) 미국

 미국은 전통적인 자동차기업 뿐만 아니라 엔비디아, 퀄컴, 인텔(모빌아이 포함), 구글, 애플, 테슬라, 우버, 아마존 등 수많은 시스템, SW, 서비스 업체들이 자율주행차 영역에 진출하여 상당부분 기술을 선도하고 있다. 모빌아이와 엔비디아의 인공지능 플랫폼은 세계 거의 모든 개발 업체에서 활용하고 있으며, 구글의 웨이모는 지난 2018년 12월부터 피닉스시에서 자율 주행 기반 택시인 로봇택시 서비스를 실증하고 있어 가장 선도하고 있다고 할 수 있다.

ⅱ) 유럽

유럽도 미국과 마찬가지로 탄탄한 상승세를 유지하고 있다. 아우디, BMW와 다임러 벤츠가 공동 투자해 설립한 HERE 사의 경우 영상이나 라이더, 레이더 센서를 활용해 3D 맵을 생성하는 기술을 기반으로 자율주행차를 제작하고 있으며, 컨티넨탈, 보쉬 등과 같은 선진 Tier1 회사들이 유럽에 산재해 있고, 벤츠, BMW, 아우디 등 선진 자동차업체들이 주도적으로 개발을 진행하고 있다. BMW나 아우디는 특히 V2X, Connected and Automated 드라이빙 분야에서 5GAA라는 협회를 만들고, 관련 사업을 주도하고 있다.

ⅲ) 일본

 일본의 경우 도요타, 덴소 등 자동차 제조업체 및 부품개발업체에서 활발하게 자율주행자동차를 개발하고 있다. 2019년 도쿄, 오키나와 등 도시에서 자율주행 셔틀버스나 자율주행 택시 서비스 시험주행을 마쳤으며, "미래투자전략 2017"에서는 2020년에 고속도로 트럭 군집주행을 실현하고, 2022년에 상용화 하겠다고 발표했다.

ⅳ) 중국

 중국은 자율주행차 개발을 지원하기 위해 '국가지능형커넥티드카 혁신센터(National Intelligent Connected Vehicle Innovation Center)'를 설립하고, 중국 정부는 베이징, 허베이, 창춘, 총킹, 항조우, 상하이, 우한과 우시를 지능형커넥티드 카시험 주행 도시로 지정했다.

 또한 중국 11개 부처가 2018년 전략을 수정 보완해 향후 30년간의 계획을 담은 "지능형자동차 혁신 및 개발 전략(Strategy for Innovation and Development of Intelligent Vehicles)"을 발표했으며, 코로나19 사태 이후 무인 배송 수요가 증가하자 중국 자동차업체와 정보통신기술(ICT) 업체들은 자율주행 자동차 개발과 상용화를 가속화하고 있다.

 미국의 기술보호주의와 중국 고립화 정책에도 불구하고 중국 정보통신기술(ICT) 기업들은 성장기반을 강화하기 위해서 자율주행차 사업에 적극적으로 진출하고 있으며, 중국 자율주행자동차 관련 기술개발을 주도하고 있는 바이두는 세계 4위의 자율주행 기술 보유 기업으로 부상했다. 바이두는 제일기차와 협력 체계를 구축하고, 개방형 플랫폼인 아폴로를 활용해 킹롱버스와 레벨4 수준의 자율주행 버스 10대를 중경시에서 시험 주행했다.

SINGULATO, Horizon Robotics, IDRIVERPLUS 등의 벤처기업들은 BAIC, SAIC 등 대형 자동차 제조업체들과 협력하여 인공지능 기술 개발 등 진행하고 있다. 미국의 파상 공세 대상인 화웨이는 볼보 S90 모델에 자사의 HarmonyOS로 구동하는 하이카(HighCar) 시스템을 탑재한 커넥티드 카를 출시했다.

2. 국내 기술동향[17)18)]
1) 선제적 신기술 적용

최근 정부는 세계 최초로 Level 3 자율주행차 안전기준 6가지를 발표하여 2020년 7월부터 국내에서 Level 3 차량의 출시·판매가 가능해졌다.

기준	세부내용
운전 가능 여부 확인 후 작동	운전자 착석여부 등을 감지하여 운전 가능 여부가 확인되었을 경우에만 작동
자율주행 시 안전확보	안전하게 차로 유지기능을 구현할 수 있도록 최대속도 및 속도에 따른 앞 차량과의 최소안전거리 제시
상황별 운전전환 요구	예정된 경우 15초 전 운전전환 경고 발생시키고, 예상되지 않은 상황에서는 즉시 운전전환 경고 발생
긴급한 상황의 경우	운전전환 요구에 대응할 수 있는 시간이 충분하지 않은 경우 시스템이 비상운행 기준에 따라 대응
운전자 대응이 필요한 상황에서 반응이 없는 경우	운전전환 요구에도 불구하고 10초 이내에 운전자의 대응이 없으면 안전을 위해 위험최소화운행 시행
시스템 고장 대비	시스템 이중화 등을 고려하여 설계

[표 9] 국내 부분자율주행시스템(Level 3) 안전기준

국내 자율주행차 기술개발은 완성차 업체인 현대기아차 등을 중심으로 선제적 신기술을 적용하고 있으며, 국내 통신사 및 IT 기업들도 적극적으로 참여하고 있다. 현재 국내의 기술수준은 세계 최고 기술국인 미국 대비 80.0% 수준으로 평가되고 있다.

① 현대자동차
현대자동차의 경우 고속도로 구간의 레벨 2 자율주행시스템을 2016년도에 양산하였으며, 2020년 이후 레벨 3 자율주행시스템을 양산할 예정이다. 2018년에는 서울-평창 고속도로 190km 구간에서 자사 수소차량과 내연기관 차량으로 레벨 4 자율주행을 성공적으로 시연했다.

② LG전자
LG전자는 Here와 2017년도에 '차세대 커넥티드카 솔루션'을 공동 개발하는 파트너십 계약을 체결하였고, NXP와는 2018년도에 '차세대 ADAS 통합 솔루션'을 공동 개발하는 업무 협약을 체결했다.

---

17) 자율주행기술, 한국과학기술기획평가원 2019
18) 유망시장 Issue Report -자율주행차, 연구개발특구진흥재단, 2021.07

③ 삼성전자

삼성전자는 자율주행 기술도 가속화로 차량에 사용하는 반도체에 요구되는 안전 등급의 중요성이 부각됨에 따라 차량용 반도체 ISO 26262 인증을 취득했다.

④ SKT

SKT는 2016년 인텔과 자율주행 기술.서비스 공동 개발을 위한 MOU를 체결하였고, 2019년 서울시와 '자율주행 시대를 위한 정밀도로지도 기술 개발 및 실증 협약'을 체결했다.

⑤ 네이버 랩스

네이버 랩스는 딥러닝과 비전 기술로 도로 정보를 자동 추출해 지도를 제작할 수 있는 자동화 알고리즘과 시시각각 변하는 도로정보를 반영할 수 있는 크라우드 소스 매핑 (crowd-source mapping) 방식의 HD맵 업데이트 솔루션 '어크로스(ACROSS)'를 연구 중이다.

2) 자율주행 시험도시 구축

정부에서는 '자율주행 시험도시(K-City)'에 자율주행자동차와 통신이 가능한 인프라 등을 구축하여 자율주행 기술개발을 지원하고 있으며, K-City에 구축된 인프라를 기반으로 자율주행 협력 지원이 가능한 C-ITS 환경을 제공한다.

K-City의 C-ITS 시스템은 첨단신호제어시스템, 노변기지국, 스마트 돌발 상황 검지기, 차로제어기, CCTV 등의 장비로 구성되어있다. C-ITS의 실시간 과제시스템은 차량 및 인프라 정보를 실시간으로 지도상에 표출하며, 수집된 차량과 인프라의 정보를 노변 기지국을 통해 자율주행차량에 제공한다.

3) 상용화 현황[19]

2015년 이후 자율주행차 핵심부품, SW, C-ITS 인프라 등 분야에서 정부 투자가 증가하고 있으며, 완성차와 1차 부품 업계 중심으로 실험시설-연구개발 등 투자가 활발하게 진행되고 있다. WAVE, C-V2X 등 V2X 통신 기술 융합 자율협력주행 및 C-ITS 실증사업이 서울, 제주 등 지자체에서 이루어지고 있고, K-CITY, 판교제로시티 등 자율주행차를 테스트할 수 있는 테스트베드를 구축하기도 했다.

주행환경인식-판단 분야의 SW, 인공지능 기술은 실제 도로에서 상시 운용이 어려운 실험실 수준을 유지하고 있으나, ODD에서의 자율주행 시험을 계속하고 있어 조만간 더욱 빠르게 상용화할 수 있을 것으로 예상된다.

카쉐어링, 카풀 등 자율주행 서비스는 실증이 어려운 상황이라 미국, 유럽 등에 비해 뒤처질 가능성이 높은 상황이다.

---

19) 미래자동차 글로벌 가치사슬 동향 및 해외 진출전략, KOTRA, 2021.03

3. 주요 자율주행 관련 프로젝트

1) 애플 - 프로젝트 타이탄

타이탄 프로젝트는 애플의 자율주행 프로젝트로 2014년 시작되었다. 애플은 프로젝트의 진행사항, 프로젝트 주도자에 관해 비밀에 부쳤으나, 애플이 캘리포니아 자동차국(DMV)으로부터 자율주행차의 도로주행 테스트를 할 수 있는 면허와 허가를 취득하는 과정에서 작성한 서류를 비즈니스인사이더와 월스트리트저널이 정보공개청구를 통해 확보함으로써 프로젝트 주도자들의 윤곽이 드러나게 되었다.

프로젝트 타이탄은 엄밀히 말하면 자율주행 완성차를 개발하는 프로젝트라 보기는 어렵고, 타사가 개발한 자동차에 탑재할 수 있는 자율주행 기술을 개발해왔다고 보는 것이 정확하다. 특히 2018년에는 테슬라 직원 약 50여 명이 애플로 대거 이직했다는 소식이 전해지면서 그 궁금증은 더해져 갔다.

하지만 2019년 초 전해진 보도에 따르면, 애플이 프로젝트 타이탄의 개발 인력을 무려 200여 명을 감축했다. 실제로 애플도 이에 대해 인정했다. 현재 프로젝트 타이탄에 투입된 인력이 명확하게 공개된 바는 없지만 최소 1000명이 프로젝트에 참여하고 있는 것으로 전해진다. 개발 인력 중 20%에 달하는 인원이 대거 이탈한 셈이다.

그럼에도 불구하고 최근 프로젝트 타이탄과 관련한 보도가 하나 새롭게 올라왔다. 애플이 자율주행차용 라이다 센서를 공급할 업체를 물색하고 있다는 내용인데, 실제로 애플이 최소 4개의 센서 업체와 협의를 진행하고 있는 것으로 전해졌다. [20]

[그림 19] 애플의 애플카 모형도

[출처: Ipnomics.co.kr]

---

[20] 소문만 무성한 애플의 자율주행차 '프로젝트 타이탄', 나올 수 있을까, 앱스토리, 2019.06.13

2) 네이버 - ALT 프로젝트[21]

ALT는 네이버의 도로 자율주행 로봇 플랫폼 개발 프로젝트로, 적에 따라 다양하게 커스터마이즈 가능한 도로 자율주행 로봇 플랫폼을 개발하는 것을 목표로 한다. 현재 파일럿 테스트를 위해 ALT-0(zero)라는 베이스 플랫폼에 자율주행 핵심 기술과 데이터를 패키징하고 있다.

ALT-0는 향후 여러가지 형태로 변형이 되어 다양한 서비스를 제공할 것이다. 예를들어 오늘 주문한 제품이 ALT-D(Delivery)에 담겨 몇 시간 후 집 앞으로 찾아오거나, 온라인샵에서 찜 했던 상품을 ALT-S(Store)에서 직접 눈으로 확인하고 구매할 수 있다. 또한, 매일 신선한 식재료나 음식이 배송되거나 찾아가는 도서관이나 움직이는 팝업 스토어까지 다양한 서비스가 제공될 것으로 전망된다.

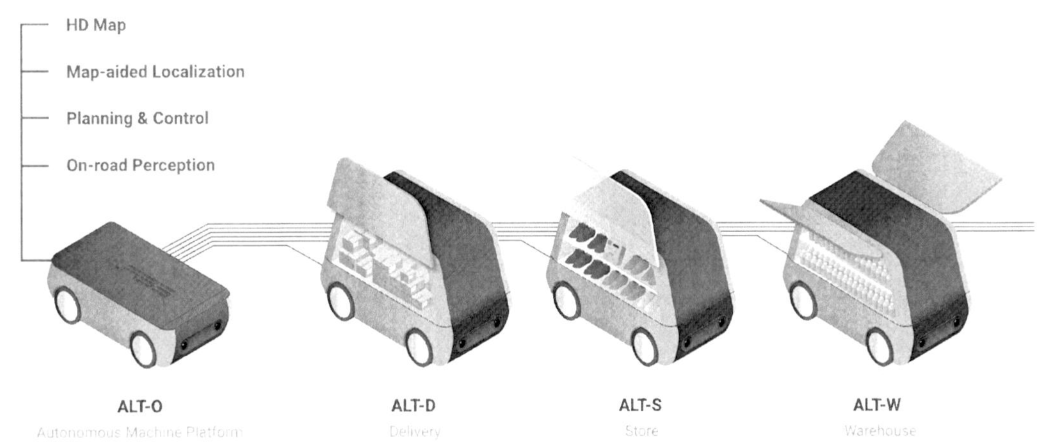

[그림 20] 네이버의 ALT

현재 네이버 랩스의 고정밀 데이터를 활용한 자율주행 알고리즘과 가장 고도화된 HW 기술들이 집결되었고, 2017년 IT업계 최초로 국토교통부의 자율주행 임시운행을 허가받고 운행을 진행했다.

네이버는 먼저 ALT-0의 파일럿 테스트를 통해 효율적인 도로 자율주행 로봇 플랫폼을 고도화한 후, 다양한 서비스 시나리오와 결합된 커스텀 버전을 실증할 전망이다. 그리고 최종적으로는 실내 자율주행 로봇 플랫폼과 통합해, 모든 공간에서의 연결을 목표로 하고 있다.

---

21) 네이버 랩스 홈페이지

3) 바이두 - 아폴로(Apollo) 프로젝트

아폴로 프로젝트는 중국 최대 검색엔진 기업인 바이두의 자율주행 프로젝트로 2017년 중국 상하이 모터쇼에서 발표되었다. 현재 이 프로젝트는 현대자동차를 포함해 포드, BMW와 같은 완성차업체와 마이크로소프트를 비롯한 ICT 업체 등 118개의 파트너들이 협력해 완전 자율주행차를 개발하는 것을 목표로 진행되고 있다.

아폴로 프로젝트의 최종 목표는 2020년까지 모든 도로 환경에서 완전 자율주행이 가능한 기술을 내놓는 것이다. 2018년 아폴로 3.0까지 개발한 바이두는 이미 14인승 자율주행 미니버스 '아폴롱' 100대를 생산했고 일부 도시에서 시범 운행을 시작했다. 아폴롱은 자율주행 4단계에 해당하는 수준으로 정해진 구간에서 운전자 개입 없이 자동화된 운전을 할 수 있는 단계다.[22]

[그림 21] 자율주행 미니버스 아폴롱

또한 2018년 바이두는 자율주행 택시 프로젝트인 '아폴로 고(Apollo Go)'를 최초 공개했다. 이후 2019년 개발자 대회에서 2018년부터 추진돼 온 자율주행 택시 프로젝트 '아폴로 고'가 발표되었고, 바이두 부총재는 대회 현장에서 '아폴로 고'의 콜택시 바이두 스마트 미니프로그램을 시연했다.[23]

---

22) [스마트 1분 상식] 아폴로 프로젝트란?, 스마트경제, 2019.03.23
23) [중국 자율주행] 바이두, 자율주행 택시 프로젝트 '아폴로 고' 공개, 비아이뉴스, 2019.07.03

4. 주요 기관별 개발 현황

1) 미국 Stanford 대학[24)

최근   스탠포드대   연구진은   인공지능   기술을   적용해   고속에서   저마찰
(high-speed,low-friction) 제어가 가능한 자율주행 운전 기술을 개발하고 관련 논문을 로봇
전문 저널인 '사이언스 로보틱스'에 게재했다.

이번 연구 논문의 주요 저자인 '나단 스필버그(Nathan Spielberg)'는 "우리의 작업은 평범
한 주행 뿐 아니라 얼음판이나 눈길 등 다양한 시나리오상에서의 자율 운전 상황을 고려해 이
뤄졌다"며 이번 연구가 자율주행자동차가 사고를 피하기 위해 기술을 확보하는 데 중요한 걸
음이 될 것이라고 지적했다.

연구진은 총 20만건에 달하는 모션 샘플을 인공지능을 대상으로 훈련시키고, 새크라멘토 도
로에서 테스트를 진행했다. 폭스바겐과 아우디 등 2대의 차량을 이용해 주행 테스트를 진행한
결과 급커브 주행이 가능했다는 설명이다. 각각의 차량 트렁크에는 고출력 GPU를 지원하는
컴퓨터가 설치됐다.

[그림 22] 스탠포드 자율주행 차

---

24) 스탠포드대, 급커브 가능한 자율주행 기술 확보, 로봇신문, 2019.04.01

2) 미국 카네기 멜론 대학(CMU; Carnegie Mellon University)

자율주행차에 대한 연구는 1984년 카네기 멜론 대학의 Navlab에서 처음 시작되었다. 이후 카네기 멜론 대학은 2014년 기준 자율주행차 기술 출원 140여개를 달성하였으며 구글, 테슬라, 우버 등 주요 자율주행차 개발 업체의 핵심 엔지니어는 대부분 카네기 멜론 대학 출신이다.

최근 미국 피츠버그에 위치한 자율주행 스타트업인 '아르고 AI(Argo AI)'가 네기 멜론 대학의 자율주행연구센터에 1천5백만 달러를 지원했다. 카네기 멜론 대학의 자율주행연구센터는 스마트 융합센서, 3D 공간인식, 도시공간 시뮬레이션, 맵 기반 인식, 모방 및 강화학습에 관한 연구를 진행하고 있다. 이번에 아르고 AI로부터 지원받은 자금을 활용해 악천후나 도로 공사 현장과 같은 다양한 실제 도로 환경에서 동작할 수 있는 장애물 인식 기술을 개발하는 데 집중할 계획이다.

지난 2016년 설립된 아르고 AI와 카네기 멜론 대학은 긴밀한 협력관계를 유지해오고 있다. 두 기관은 5년 기한의 파트너십 계약을 체결, 자율주행차를 위한 첨단 인식 및 차세대 의사결정 알고리즘에 관한 연구 지원을 추진하고 있으며, 카네기 멜론 대학 로보틱스연구소 '데바 라마난(Deva Ramanan)' 교수가 아르고 AI에서 머신러닝 리더로 일하고 있다. 또 아르고 AI 공동 창업자중 한사람인 피터 랜더(Peter Rander)는 CMU에서 석박사 학위를 받았다.

한편 아르고 AI는 지난 2017년 2월 포드로부터 10억 달러의 자금을 투자받기로 했다. 또 포드의 자율주행 전문 인력과 아르고 AI의 인공지능 로보틱스 전문 인력간 협력도 추진키로 했다. 아르고 AI는 포드의 '퓨전 하이브리드'를 자율주행자동차로 개조해 현재 디트로이트, 마이애미, 팔로 알토, 워싱턴 DC 등에서 테스트하고 있다.[25]

3) 서울대

2017년 서울대 지능형자동차 IT 연구센터는 그들이 개발한 자율주행차 스누버가 여의도 일반도로에서 시험주행에 성공했다고 밝혔다. 2015년 11월 첫선을 보인 스누버는 3세대 버전까지 성능이 업그레이드 되었으며, 약 2년간 캠퍼스에서 2만km 가까이 주행하며 성능을 향상해 왔다. 스누버는 차량 루프 위에서 돌아가는 64개의 라이더 센서가 주행상황 변화를 감지하기 때문에 돌발 상황에서만 사람이 직접 운전하는 수준까지 이르렀다.

최근 서울대학교 서승우 교수는 '오프로드'를 달리는 군용 자율주행차를 개발하고 있다. 군용 자율주행 기술은 수색용 무인차량 등에 도입하는 것을 목표로 하고 있다. 도로에서만 운용하면 되는 기존 자율주행 기술과 달리 험지 운용, 전투 시 대응 등도 고려해야 하다 보니 해결할 과제가 많다.[26]

---

25) '아르고 AI', CMU 자율주행연구센터에 1천 5백만 달러 지원, 로봇신문, 2019.06.27
26) 서승우 서울대 교수 "오프로드 달릴 군용 자율주행 기술 개발중", 한국경제, 2022.01.20

[그림 23] 서울대의 스누버

4) 충북대

2017년 충북대학교 'TAYO'팀이 산업통상자원부가 주최하는 2017 대학생 자율주행 경진대회의 우승을 거머쥐었다. 대회는 글로벌 패스 플래닝(Global Path Planning), 장애물 구간, 곡선주행 등의 미션수행 시간과 정확도 평가로 순위가 결정되었는데 충북대학교 'TAYO'팀은 3분 40초의 기록을 세워 최종우승을 거머쥐었다.

최근 충북대학교 마트카협동과정 학생들로 구성된 클로소이드팀이 '2021 현대자동차그룹 자율주행챌린지'에 참가해 준우승을 하는 쾌거를 거뒀다. 이번 대회는 미래자동차기술의 핵심 분야인 자율주행 기술에 대한 대학의 연구 활성화와 연구인력 저변 확대를 지원해 우수인재를 발굴•육성하고, 차세대 자동차 기술에 대한 국내 자동차 산업의 기술발전을 도모하기 위해 마련됐다.

충북대는 2차례의 본선주행에서 벌점 없이 안전히 완주했으며, 치열한 접전 끝에 13분 31초라는 기록을 세우며 준우승을 거머쥐었다. 클로소이드팀은 이번 성과로 상금 5천만 원과 중국 견학의 특전을 받게 됐으며, 서울특별시장상도 함께 수상했다.[27)]

---

27) [수상] 충북대학교 클로소이드팀, 2021 현대자동차그룹 자율주행챌린지 준우승 쾌거, 충북대학교, 2021.12.28

5) ETRI

[그림 24] ETRI 한국전자통신연구원

한국전자통신연구원은 지난 10년간 연구해온 웨이브(WAVE) 통신기술과 메타빌드(주)의 도로 레이더 기술 및 사물지능통신(M2M) 플랫폼 기술을 바탕으로 '교차로 안전정보 시스템 및 서비스 기술'을 개발했다. 이 기술은 보행자나 차량에 관한 정보를 자율주행차량에 전달해 미리 상황에 대응할 수 있도록 돕는다.

도심 교차로는 복잡한 교통상황 때문에 시야 확보가 어렵다. 자율차량들 간 센서 성능의 한계 등으로 추돌사고도 빈번하게 발생한다. 이를 위해 교차로에 안전정보 시스템 및 서비스를 구축해 사고를 예방한다는 게 ETRI 연구진의 설명이다. 실제로 연구진은 여러 시험 등을 통해 이번에 개발한 안전정보 기술이 사고를 줄이는데 효과가 있다는 점을 확인했다.

연구진은 이번 연구를 통해 IoT 플랫폼과 연동하는 초기 사이트를 6곳에 만들고 군집 주행, 자동 발렛 파킹, 도심 자율주행 서비스 등을 검증했다. 향후 한국전자통신연구원은 관련기업과의 협력 및 연구진의 강점 기술을 살려 유럽시장에 진출할 계획이다.

이번 연구는 유럽연합(EU) '호라이즌 2020'의 일환으로 진행하고 있는 오토 파일럿(AUTOPILOT) 프로젝트 가운데 하나다. 이 프로젝트에는 자동차 및 ICT 산업 분야 45개 연구기관이 참여하고 있으며 IoT에 기반한 자율주행 서비스 및 핵심기술을 개발해 도로 현장에 설치 및 실용화는데 목적이 있다.[28]

최근 한국전자통신연구원은 세계최대 컴퓨터비전 학회(ICCV)에서 개최하고 구글이 후원하는 '자율주행용 객체 분할 및 추적 기술 부문 국제 대회'의 '비디오 트랙'에서 1위를 차지했다. 이 대회는 자율주행 차량의 시점에서 촬영된 도로 영상을 대상으로 여러 객체를 나누고 추적하는 대회다. ETRI와 미국 워싱턴대학 공동 연구진은 딥러닝 기술 기반 객체 분할·추적 프레임워크를 제안해 비디오 트랙에서 높은 화소(픽셀) 단위 객체추적 정확도로 우승을 차지했다. ETRI 대경권연구센터는 국제공동연구를 통해 개발한 알고리즘으로 주최 측이 제공하는 영상을 분석해 길, 벽, 신호등, 빌딩, 사람 등 20여 객체를 추적했다.

연구진의 기술은 객체를 화소 단위로 나누어 형태를 인식하고 색칠한다. 따라서 객체의 세밀한 식별 및 정교한 추적이 가능하다. 이는 기존의 사각 틀로 사물을 인식·추적하는 방식에 비

28) ETRI, 유럽에서 자율주행 인프라 기술 연구 결과 공개, 로봇신문, 2020.02.11

해 훨씬 고도화된 기술로, 각 픽셀마다 객체인지 아닌지를 스스로 판단하며 객체의 위치 변화를 보다 정확하게 추적하는 기술을 포함하고 있다.

 한국전자통신연구원은 본 기술이 자율주행 차량용 객체 분할 및 추적 분야에 특화돼 있고, 날씨, 조명변화, 객체 크기, 가림현상, 거리환경 등 다양한 환경 속에서도 타 기술에 비해 성능이 뛰어남을 확인했다고 설명했다. 객체 분할·추적 기술은 교차로나 도로 위 차량과 보행자들의 위치를 정확하고 빠르게 인식할 수 있는 기술이다. 향후 스마트시티용 교통관제 시스템에 적용하면 안전도를 높이고 다양한 서비스 연계도 가능하다. 일례로, 교차로에 진·출입하는 차량들의 진행 방향을 정확히 알아내고 예측함으로써 횡단보도 이용 보행자와 운전자 모두에게 조심하라는 경고의 신호를 보낼 수 있다. 이로써 교통사고 위험을 획기적으로 개선할 수 있다.[29]

---

29) ETRI, 자율주행 분야 국제대회 세계 1위 달성, 테크월드뉴스, 2021.10.26

6) 업체별 자율주행 개발 동향[30)

　시장조사기관인 '나비간트 리서치(Navigant Research)'는 매년 자율주행분야의 업체들의
주행 시스템 개발 내역과 시장 진출 전략, 파트너, 생산 전략, 과학 기술, 영업 등 다양한 요
소를 종합하여 '자율주행 기술의 리더(Leaderboard Report: Automated Driving)' 보고서를
발표하고 있다.

　Navigant Research 보고서에 따르면, 2021년 자율주행차 기업 경쟁력 평가에서 웨이모,
바이두, Nvidia, Argo AI 4개 기업이 선두그룹(Leaders)에 포함되었다. 1년마다 발표되는 경
쟁력 순위는 매년 순위 변동이 크게 발생하고 있으며, 이는 각 그룹에 속하는 기업들의 경쟁
심화와 전략 변경에 따른 것으로 풀이되었다.

　2021년 기업 경쟁력 순위에서 구글의 웨이모가 2년 연속 평가 1위를 받았다. 또한, Nvidia
와 Argo AI의의 성장세가 두드러진다.

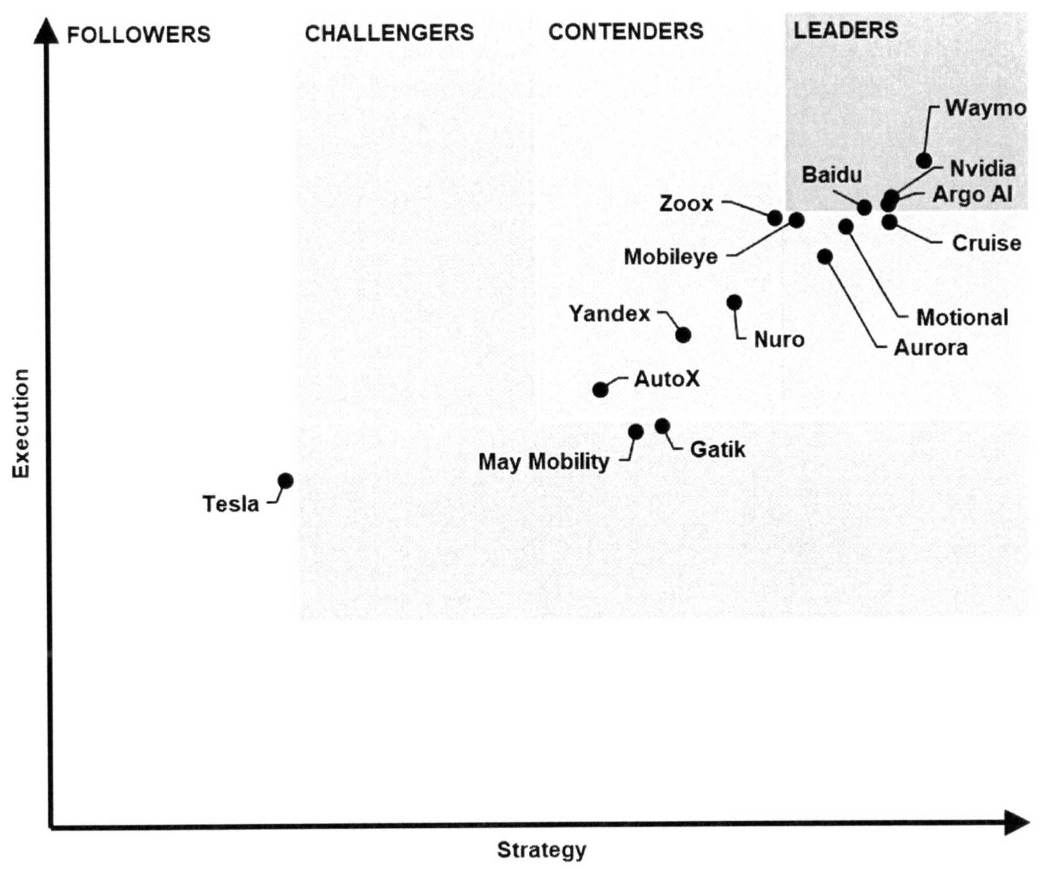

[그림 25] 2021년 나비간트 보고서

<hr>

30) 스마트카, 한국 IR 협의회, 2020.07.02

순위	2019년	2020년	2021년
1	웨이모	웨이모	웨이모
2	GM 크루즈	포드	Nvidia
3	포드	크루즈	Argo AI
4	앱티브	바이두	바이두
5	인텔-모빌아이	인텔-모빌아이	크루즈
6	폭스바겐 그룹	앱티브-현대	Motional
7	다임러-보쉬	폭스바겐 그룹	모빌아이
8	바이두	얀덱스	Zoox
9	토요타	죽스	Aurora
10	르노-닛산-미쓰비시	다임러-보쉬	Nuro

[표 10] 자율주행차 기업 경쟁력 순위

　자동차산업의 패러다임이 변하면서 글로벌 완성차 기업들은 자율주행차 등 미래차 시장을 선점하기 위해 인수합병 및 제휴협력 확대를 통해 연합전선을 구축하고 있다. GM은 2016년 소프트웨어 개발 엔지니어로만 구성된 R&D 전문 벤처기업 크루즈(당시 크루즈오토메이션)를 10억 달러에 인수하면서 자율주행 부문에 뛰어들었고, 2017년에는 라이다 센서 개발업체인 스트로브(Strobe)도 인수하였다. 최근 GM의 자율주행 자회사 크루즈는 미국 도로교통안전국 (NHTSA)에 자율주행차를 만들고 도로에서 주행할 수 있게 허가해달라고 요청했다. 크루즈의 자율주행차 '오리진(Origin)은 미국 자동차공학회(SAE) 기준으로 사람의 제어가 필요 없는 레벨5 수준의 자율주행이 가능하다.[31]

[그림 26] 크루즈의 자율주행차 오리진

---

31) GM, 美 도로교통국에 자율주행차 허가 신청, 조선비즈, 2022.02.22

포드는 2016년 머신러닝 기술을 보유한 이스라엘 업체 사이프스(SAIPS)와 자율주행 기술개발 업체인 아르고 AI(Argo AI)를 인수하였으며, 자율주행 센서 개발업체인 벨로다인에 7,500만 달러를 투자하였다. 최근 교통체계 정보를 수집하는 클라우드 플랫폼을 개발하는 오토노믹과 운행경로 최적화 관련 프로그램을 제공하는 트랙스록을 인수하는 등 광폭 행보를 보였다. 또한, 2019년 1월 폭스바겐 그룹은 포드와 포괄적 제휴를 발표하고 미래차 분야 협력 관계를 구축하고 있다. 최근 포드자동차 산하의 아르고AI(Argo AI)가 마이애미와 오스틴에서 운전자 없는 자율주행 테스트 차량을 운영하기 시작했다. 테스트 기간 동안에는 자율주행차(AV)에 유료 고객을 태우지는 않는다. 그러나 차량은 근로자들의 업무가 진행되는 번잡한 도시 지역에서 아르고AI 직원들을 셔틀로 이동시키게 된다.[32]

현대자동차그룹은 2019년 9월 미국 앱티브와 합작 법인(조인트벤처) 설립을 위한 본계약을 체결하고 단숨에 미래차 연합의 한 축으로 떠오르게 됐다. 앱티브는 미국 글로벌 자동차 부품업체인 델파이(Delphi)가 만든 모빌리티 전문기업이다. 앱티브는 미국 2위 차량호출기업인 리프트와 연합하고 있으며, 델파이는 세계 최대 미래차 연합 중 하나인 인텔·BMW 그룹 등과 동맹 관계다. 현대자동차그룹은 직접적으로는 앱티브·리프트와, 간접적으로는 인텔·BMW 그룹·볼보 등과 자율주행 분야 연합전선을 구축하게 된다. 현대자동차그룹 내부적으로는 정밀지도를 구축하고 있는 현대엠엔소프트, ADAS 및 HVI(Human-Vehicle Interface) 등을 개발하고 있는 현대모비스 등 계열사를 통해 핵심기술을 내재화하고, 인공지능 자율주행 기술을 보유한 글로벌 업체와 협력을 통해 완전 자율주행을 위한 기술을 축적하는 데 주력하고 있다.

또한, 현대자동차그룹은 다양한 센서 및 고사양 프로세서 사용 등으로 인해 전력 소비의 증가가 불가피한 자율주행차 특성을 고려하여 수소전기차 기술을 기반으로 자율주행차를 구현할 계획이다. 최근 현대자동차·기아가 자율주행기술 고도화를 위해 국내에서 교통이 가장 혼잡한 도심 지역에서의 시범 서비스를 시작했다. 현대차·기아는 서울시 강남구와 서초구 일부 지역에서 4단계 자율주행기술을 적용한 아이오닉5로 로보라이드 시범 서비스 실증에 들어갔다.[33]

---

32) [글로벌] 포드 산하 로보택시 스타트업 아르고AI, 완전 자율주행차 운행 시작, IT데일리, 2022.05.18
33) 현대차·기아, 서울 강남 일대에서 4단계 자율주행 실증, ZDNet, 2022.06.09

하드웨어 개발 능력	• 전신인 델파이는 글로벌 자동차 부품사로, 액티브 세이프티(ADAS) 및 전장부품, 인포테인먼트 시스템에 강점을 보유하고 있음. • 앱티브는 하드웨어 분야의 강점을 기반으로 소프트웨어, 솔루션을 패키지로 완성차에 공급하는 것을 목표로 하고 있음.
테스트 플릿	• 앱티브는 라스베이거스 지역에서 유료 로보택시 서비스를 시행함. • 본격적인 택시 서비스보다는 셔틀에 가깝지만 뉴토노미 인수를 통해 소프트웨어 경쟁력 강화하고, 플릿 운용으로 데이터 축적이 가능해짐.
자율주행 센서	• 앱티브의 자율주행차는 9개의 라이다, 11개의 레이더, 4개의 카메라(트리플 카메라 1개 포함)로 구성됨. • 다수의 라이다 센서를 활용한 것이 특징이며, 안전성 확보를 위해 중복되는 레이어의 센서들을 활용하고 있음.
인공지능 기술	• 자율주행 소프트웨어 모듈인 nuCore를 상용화함. 인간과 유사한 의사판단 시스템을 특허로 보유하고 있음. • 뉴토노미의 CTO인 Emilo Frazzoli는 전 MIT 교수로 모션플래닝 알고리즘의 대가로 알려짐.

[표 11] 앱티브의 주요 기술

5. 자율주행 핵심기술 동향[34)35)]

　자율주행 시스템 구성을 위한 의사결정 프로세스는 인식, 판단, 제어의 단계로 이루어진다. 자율주행 시스템을 구현하기 위해 주변 상황을 빠짐없이 인식하기 위한 센서 개발이 필수적이며, 센서를 통해 수집한 다양한 포맷의 데이터를 잘 조합하는 센서 퓨전 기술과 수집데이터를 분석하고 판단하기 위한 고성능 컴퓨터 및 소프트웨어가 필요하다.

　최근 자율주행용 센서의 발전과 센서 비용 하락, 자율주행용 하드웨어의 성능향상 및 ECU 통합을 통한 비용 감소, 인공지능을 적용한 소프트웨어 기술의 향상은 자율주행차 상용화를 위한 원동력이 되고 있다.

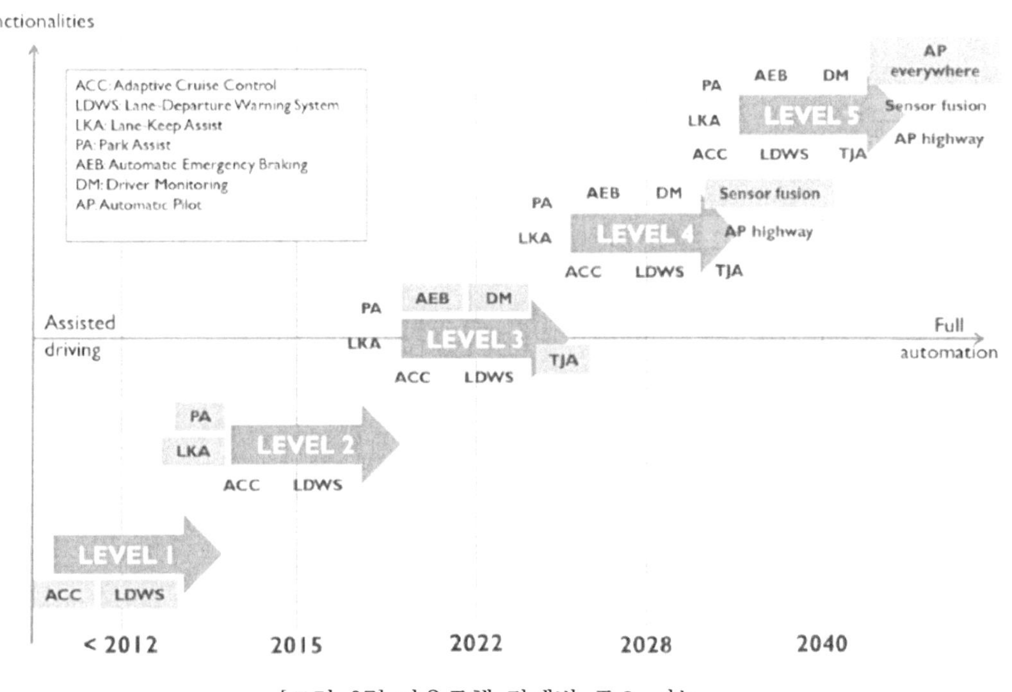

[그림 27] 자율주행 단계별 주요 기능

　자율주행차는 차량 자체의 주행 정보와 외부 주행환경을 인식이 필수적이며, 이를위해 카메라, 레이더, 라이다, 초음파센서 등 여러 종류의 센서를 사용한다. 과거에는 센서마다 특징과 장단점이 다르기에 구현하고 싶은 기능에 따라 여러 센서를 따로 사용했지만, 최근에는 센서 간 부족한 부분을 서로 보완하고 가격도 동시에 낮추는 통합센서 개발이 요구되고 있다.

34) 자율주행차, 한국 IR 협의회, 2019.10.24
35) 유망시장 Issue Report -자율주행차, 연구개발특구진흥재단, 2021.07

1) 센서 퓨전(Sensor Fusion)

센서 퓨전(Sensor Fusion)은 여러 개의 센서를 하나로 결합하는 방식을 말한다. 센서 퓨전은 센서와 센서를 하나로 합치는 물리적인 결합하는 방법과 각각의 센서에서 얻어지는 데이터를 종합하는 방법으로 나누어 볼 수 있다.

센서 퓨전을 개발하는 업체들이 취하는 전략은 자율주행을 위한 인지, 판단, 제어 단계 중어느 단계에 중점을 두는지에 따라 4가지 전략 유형으로 나눌 수 있는데, 센서의 형태나 기능을 직접 합치는 센서 단위의 통합 전략, 대다수의 반도체 업체들이 취하는 프로세서 중심의 통합 전략, 데이터 융합을 위한 인공지능(AI)과 소프트웨어 고도화 전략, OEM 업체와 부품업체 등의 결합을 통해 센서, 모듈, 시스템을 동시에 개발하는 전방위통합강화 전략이 있다.

나아가 자율주행차에 센서 퓨전 시스템이 적용되기 위해서는 비용, 크기, 전력 소모, 소프트웨어 알고리즘 등을 고려한 개발이 필요하다. 센서 퓨전은 복잡하고 자율적인 기능을 가능하게 하는 것 외에도 기존센서의 오탐지를 줄일 수 있어 안전한 자율주행차 개발을 위해 센서 퓨전 기술은 필수적으로 수반되어야 한다.

2) 카메라 트렌드

카메라(Camera)는 이미지 센서를 통해 주변 환경을 이미지로 감지하기 때문에 형태 인식이 수월하다는 점에서 큰 장점을 가지며, 다양한 ADAS 기술을 위해 활용되고 있다.

최근 자율주행용 카메라 센서의 기술 트렌드는 우선 단안(Mono)에서 스테레오(Stereo) 방식으로 진화 중이다. 스테레오 방식은 두 개의 렌즈를 사용하므로 렌즈 간 시각차를 이용하여 물체를 3차원으로 인지할 수 있다. 스테레오 방식의 카메라는 형상정보에 거리정보까지 추가로 획득할 수 있다는 장점이 있다.

최근 카메라가 중심이 되는 ADAS 및 자율주행 기술이 늘어나면서 한 개의 카메라가 여러 기능을 동시에 수행할 수 있도록 기술이 발전 중이다. 여러 기능을 동시에 처리하기 위해서는 영상 신호 처리 속도가 훨씬 빨라져야 하는데, 이를 위해 연산 속도가 빠른 칩 및 효율적인 소프트웨어 알고리즘 적용이 더욱 중요해지고 있다.

자율주행용 카메라는 현재 ADAS 솔루션 구성에서 대체불가한 요소로 취급 받는다. 라이다나 레이더 등 다른 센서 솔루션은 배제도 가능하다는 시선도 있지만, 카메라는 장애물 구분과 물체 인식을 위해 필수라는 평가다. 전기차 기업 테슬라는 2021년 8개 카메라와 인공지능(AI) 기술만으로 자율주행이 가능하다는 의견을 내놓기도 했다.[36]

---

36) 자율주행 핵심 카메라 솔루션, 8.7조 이상으로 커진다, IT조선, 2022.02.23

3) 레이더 트렌드

레이더(Radio Detection and Ranging, Radar)는 전자기파를 이용하여 물체에 반사되어 돌아오는 신호를 수신하여 물체와의 거리를 측정하는 센서로, 200m 이상까지 탐지 가능한 장거리 레이더(Long-Range Radar, LRR)와 10m 정도까지 탐지하는 근거리 레이더 (Short-Range Radar, SRR)로 구분된다.

차량용 레이더는 경량화, 소형화, 저가화 노력이 지속되고 있다. Bosch의 장거리 레이더를 예로 들면, 2000년에 출시된 LRR1 대비 최근 LRR3나 LRR4의 경우 무게는 절반 이하, 부피는 30% 수준으로 작아졌으나, 측정 거리나 각도 등의 성능은 훨씬 개선되었다. 또 하나의 차량용 레이더 기술 트렌드는 전자기파의 주파수 대역폭(Bandwidth) 확대이다. 주파수 대역폭이 확대될수록 탐지 대상의 거리 및 윤곽 정보가 더 정확해진다.

BSD용 단거리 레이더의 경우 주로 24GHz 대역폭 기술이 사용되었지만, 최근에는 77~79GHz 대역폭을 적용하는 방향으로 기술이 진화 중이다. 기존에는 ADAS 기능별로 단일 칩이 적용되었다면 최근에는 다양한 ADAS 기능을 하나의 통합 칩을 통해 구현하는 방식으로 기술이 진화되고 있다.

심지어 장거리 레이더 기능과 중/단거리 레이더 기능을 동시에 수행할 수 있는 통합형 레이더도 개발 중이다. 한 개의 레이더가 수행해야 하는 기능이 늘어날 경우 주파수 출력이 향상되어야 하는데 혼신 문제가 함께 커져 이를 해결하기 위한 연구도 함께 진행 중이다.

[그림 28] Bosch의 레이더 센서의 진화

2017년 설립된 스마트레이더시스템은 독자 기술로 4D 이미징 레이다의 국산화에 성공했으며 세계 시장에서 치열한 경쟁 끝에 기술력의 우수성을 인정받았다. 특히 프랑스의 글로벌 리서치 업체인 욜디벨롭먼트사는 2019년 리포트에서 스마트레이더시스템의 4D 이미징 레이다 제품인 'RETINA'를 세계 최고의 제품군으로 선정했다.

스마트레이더시스템의 4D 이미징 레이다는 원천특허 기술을 적용. 개발했으며, 타깃의 거리, 수평각도, 수직각도, 속도의 4가지 정보를 다수의 고해상도 포인트 클라우드 형태로 제공함으로써 차량과 보행자 등 타깃의 분리 구별 능력이 우수하고 악천후에도 큰 성능 저하가 발생되지 않는다. 스마트레이더시스템은 안전한 자율주행 시대를 앞당기고자 제품 개발에 몰두 중이며, 기술 중심의 글로벌 회사로 도약하고자 노력하고 있다.[37]

현대모비스는 Zendar에 대한 전략 투자 및 기술 협력을 통해 레벨4 이상 완전 자율주행차량에 최적화된 이미징 레이더 개발에도 나섰다. 기존 레이더와는 차별화된 차세대 레이더로 평가받는 이 기술은 전방과 후방, 코너 등에 위치한 레이더에서 얻은 데이터를 중앙처리장치(ECU)에서 통합 신호처리해 고해상도 이미지를 구현할 수 있는 특징이 있다.

특히, 각 레이더가 인식한 데이터를 개별적으로 처리하는 기존 방식과 달리, 여러 개의 레이더 센서에서 생성된 데이터를 통합 활용해 인식 정확도를 대폭 높일 수 있는 장점이 있다. 라이다 센서에 필적하는 높은 성능과 합리적인 가격을 통해 자율주행 대중화에도 기여할 수 있을 것으로 기대된다.[38]

4) 라이다 트렌드[39]

라이다(Light Detection And Ranging, Lidar) 센서는 빛을 이용해 주변 물체 및 장애물 등을 감지하는 센서를 말하며, 평면적 정보만 획득하는 2D 스캔 라이다와 공간적 정보를 획득하는 3D 스캔 라이다로 구분된다.

레이더 대비 라이다의 강점은 정밀한 3D 거리 정보를 획득할 수 있는 3D 스캔 라이다 기술이며, 최근 차량용 라이다 기술 트렌드는 3D 스캔 라이다의 상용화를 위한 저가격화 및 소형화에 집중되고 있다.

3D 스캔 라이다의 기술 트렌드는 벨로다인(Velodyne)과 쿼너지(Quanergy)의 신제품 개발 방향을 보면 쉽게 이해할 수 있다. 성능 면에서 가장 뛰어난 라이다를 양산하고 있는 미국 벨로다인의 초기 제품은 다수의 레이저 광원을 모터로 회전시킴으로써 360도 범위를 세밀하게 탐지하는 방식을 사용하여 뛰어난 성능을 갖추고 있지만 비싼 가격이 최대 단점이었다. 이후 광원 수를 16개로 줄임과 동시에 고정형 방식을 채용하고, 센서와 프로세서들을 통합 칩으로 집적화하면서 저가화를 꾀하고 있지만, 여전히 완성차 업체들에는 비용적으로 부담이다.

---

37) 자율주행차 핵심 4D이미징 레이다 국산화, 한국일보, 2022.07.20
38) 현대모비스, 레벨4 이상 자율주행 대중화 앞당길 차세대 레이더 개발한다!, 현대자동차그룹 뉴스룸,
   2022.01.27
39) 라이더(LIDAR), 한국IR협의회, 2020.09.03

미국 쿼너지의 라이다 제품은 가격 대비 성능 면에서 가장 우수한 제품으로 평가 받는다. 쿼너지는 8개의 광원으로 360도 회전 스캐닝이 가능한 Mark VIII 모델을 대량양산 가격 $1,000 이하에 출시하며 주목을 받았으며, 고정형에 수평 시야각이 120도로 제한적인 모델 S3의 본격 양산을 시작했다. 쿼너지의 S3 대량양산 목표 가격은 $250 이하로, 차량 원가 중 라이다 센서로 인한 비용 부담을 크게 감소시킬 수 있을 것으로 전망되고 있다.

[그림 29] 라이다 기술의 발전

ⅰ) 레이저 광원기술

라이더는 레이저와 같은 액티브 광원을 활용하여 빛의 반사방식으로 거리 등을 측정하는 원리를 가지고 있다. 이에 따라 레이저 광원은 250nm~11μm까지의 파장 영역 중 특정 파장을 가지거나 파장가변이 가능한 레이저 광원이 사용된다. 비과학 용도의 경우 500~1,000nm의 파장을 갖는 레이저 광원을 활용하는 것이 일반적이며, 사람들의 눈을 보호하기 위하여 레이저의 최대출력을 제한하거나 특정 고도에서 레이저를 끄는 자동 차단장치를 활용하고 있다. 아울러 1,550nm 파장의 레이저는 눈에 강하게 흡수되지 않아 비교적 높은 출력 수준으로 활용되나, 검출기 기술이 이에 잘 대응되지 않아 낮은 정확도에도 불구하고 더 긴 범위를 커버하기 위해 사용된다.

특히, 항공/지형용 라이더는 1,064nm 파장의 YaG 레이저를 광원으로 활용하며, 수중용 라이더는 532nm 수준으로 물을 통과하기 위해 활용되어 다이오드 하이브 레이저를 광원으로 각각 활용하고 있다. 차량용 라이더의 경우 집적화 및 저가격 구현을 목적으로 실리콘 광검출기의 활용에 따라 850nm 및 905nm 파장 기반의 레이저 광원을 사용 중이다. 악천후 시 성능저하에 의한 오작동 발생에 따른 단점도 존재하지만 레이저가 퍼지지 않고 해상도와 정밀도가 높은 편이며 사물을 입체로 파악할 수 있다는 장점에 따라 널리 사용되고 있다.

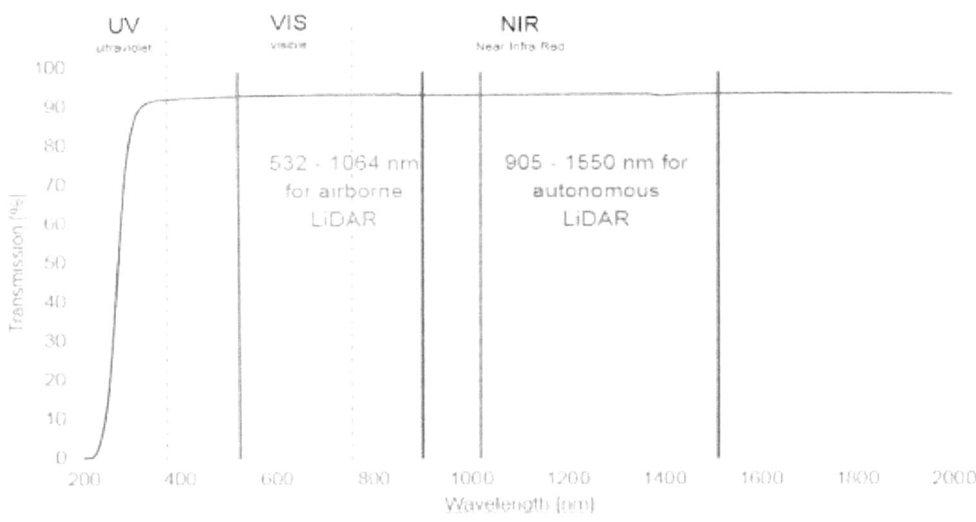

[그림 30] 파장 대역별 라이더용 레이저 광원

항공용은 주로 532~1,064nm 파장의 광원을 활용하여 라이더에 적용하고 있으며, 자동차용은 905~1,550nm 파장의 광원을 적용하고 있다. 자동차용의 경우 905nm 광원 및 1,550nm 광원 간의 장/단점이 뚜렷하여 인체에 대한 유해성 및 안전성 여부(시각안전), 라이더의 범위, 집적화(소형화), 저가격화, 해상도/정밀도 등 다양한 특성에 기인한 제품개발에 따라 광원의 종류/파장영역을 전략적으로 선택하고 있다.

ii) 광검출 기술

일반적으로 라이더의 기본 구성은 [그림 6]과 같이 레이저 송신부, 레이저 검출부, 신호수집/처리와 데이터의 송수신부 등으로 구분된다. 레이저 검출부의 중요한 역할을 담당하는 광검출 기술은 영상에 대한 센서기술로 대변되고 있으며, 라이더를 구분하는 주요요소(Factor)로도 볼 수 있다.

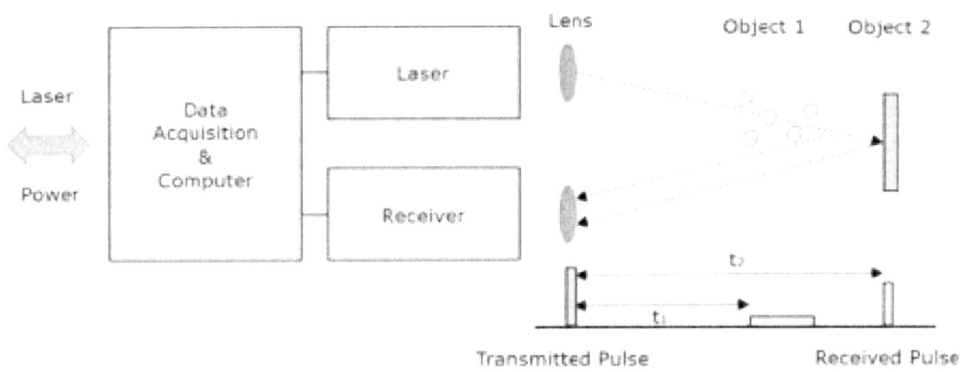

[그림 31] 라이더 시스템 기본 구성 및 동작 원리

광검출과 관련하여 가장 기본적인 레이저 레인지파인더 기술은 1차원(1D) 스캐너 기술로서, 물체로부터 반사되는 레이저 빔의 수신시간을 측정하여 거리를 측정하는 가장 간단한 형태의 기술이다. 2D 레이저 스캐너 기술은 회전방식을 이용하여 레이저 빔의 진행방향을 포함, 특정 평면에서의 영상 정보를 수집하며, 단일 레이저, 단일 수신소자, 회전을 위한 모터 등으로 구성된다. 반면, 2D 레이저 스캐너를 차량에 탑재하고, 공간정보를 스캔한 후 컴퓨터를 통해 3D 영상을 구현할 수 있으나 실시간으로 3D 영상을 구현하기 위해서는 빠른 데이터의 수집이 요구된다.

이를 위해 회전방식의 3D 스캐너 기술에서는 다수의 레이저 및 수신소자를 이용하여 특정 방향의 시야각(FOV, Field of View)에 대하여 동시 측정이 가능하도록 하고, 회전 스캐닝을 통해 구현한다. 또한, 넓은 시야각을 확보하기 위하여 많은 수의 레이저와 수신소자를 필요로 하며, 고난도의 패키징 기술을 요구하나 현재 상용화된 소자를 활용하여 구현할 수 있는 장점이 있다. 이에 따라 주요 선두업체 중 하나인 Velodyne Lidar Inc. 는 수신부를 2개로 나누어 각각 32개 채널의 수신소자를 포함시켜 0.4도의 수직해상도, 24.8도의 수직시야각, 360도 회전스캐닝을 통한 360도 수평시야각 등을 확보하고 있다.

iii) 고속동작 라이더를 위한 빔조향 메커니즘

빔조향 메커니즘(beam steering mechanism)은 광검출(스캐닝) 기술과도 연관성이 높다. 기존의 라이더가 기계식(회전식) 스캐닝은 송수신부가 360도 회전을 해야만 전 영역을 커버할 수 있었으며, 고정식 스캐닝은 레이저 및 광검출 소자를 고정시키고 거울 등을 회전시켜 시야각이나 해상도를 확보하였다. 이에 반하여 비기계식 스캐닝은 OPA(Optical Phased Array, 광위상배열) 방식으로 빛의 간섭원리를 이용하여 기계식으로 움직이는 부분이 없이 빛이 나아가는 방향을 전기적으로 조절하도록 한다. 이에 따라 빔조향은 OPA 방식에서 수십~수백 채널의 회절격자 배열로 레이저 빛이 방출되며, 격자 간 위상 차이에 따라 far-field의 특정 강도로 빔이 진행되고, 위상각도를 변화시켜 빔의 조향각을 제어하는 점에서 중요한 역할을 하고 있다. 따라서 최적의 OPA 구조를 갖추게 되면 고속동작이 가능한 라이더용 센서확보가 가능할 전망이다.

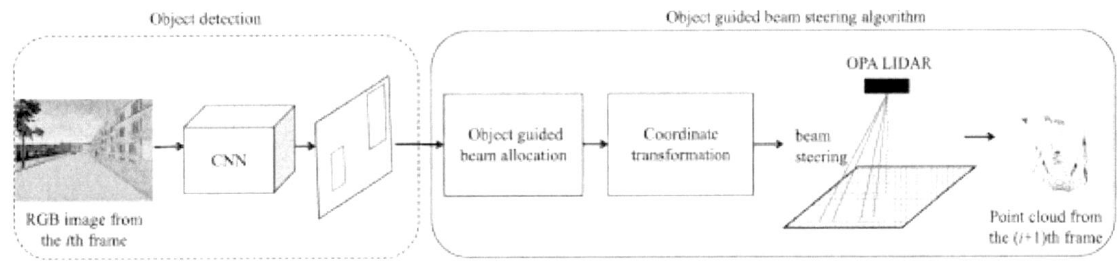

[그림 32] 물체에 집중한 OPA 방식의 라이더 알고리즘 예시

iv) 거리측정 프로세스

레이저를 통한 거리측정 기술은 기본적으로 레이저를 발생시킨 후 목표물에서 되돌아오는 레이저의 파장을 측정하여 목표물까지의 거리를 원격으로 측정하는 기술이나, 군사용으로 사용되던 기술이 자동화 산업현장의 무인화 시스템, 선박의 접안 시 배의 파손을 막기 위한 거리측정, 무인 과속 감지기, 차량 충돌 방지시스템 등으로 다양하게 응용되고 있다. 군사용의 측정거리는 수 km에서 수십 km 수준이고, 측정오차가 5~10m 수준이었던 반면, 산업용은 측정거리를 1km 이내, 측정오차 1~10mm 이내를 만족하고 있다.

레이저를 이용한 거리측정 프로세스는 크게 펄스의 왕복시간을 측정하는 Pulsed TOF(Time Of Flight), 신호의 위상차를 통해 거리를 측정하는 위상변이(phase shift), 주파수에 변화를 준 후 주파수 차이를 통해 거리정보를 추출하는 주파수 변조법(FMCW, Frequency Modulated Continuous Wave) 등이 있으며, 최근에 개발되고 있는 주파수 변조법의 발전형태인 무작위 주파수 변조법(RMCW, Randomly Modulated Continuous Wave)도 있다. 무작위 주파수 변조법은 무작위로 변조된 연속파를 활용하여 다른 라이더나 기타 광원으로부터의 간섭을 차단하는 기술이다.

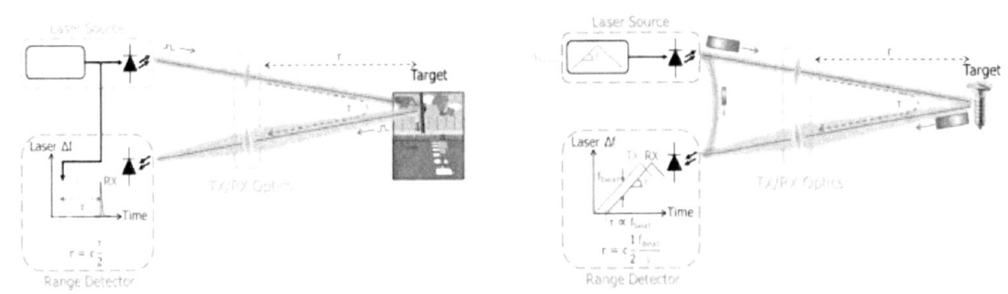

[그림 33] Pulsed TOF 방식(좌)과 FMCW 방식(우)의 비교

특히, Pulsed TOF 방식은 시간 펄스 폭이 매우 짧은 레이저 광을 표적으로 보낸 후, 표적 표면에서 반사되어 돌아오는 시간을 측정하고, 표적거리를 시간 값과 빛의 속도로부터 산출하는 원리이다. FMCW 방식은 FMCW 레이더와 원리가 동일하며 표적의 거리정보는 비트 주파수에 포함되어 있어 레퍼런스 신호와 반사된 신호를 믹서의 입력 신호로 사용하여 비트 주파수 신호를 획득하고 푸리에 변환방식으로 비트 주파수를 얻게 된다. 이후 공식에 의해 표적까지의 거리를 측정할 수 있다. Phase shift 방식은 상기 2개의 방식보다 거리측정 방법이 보다 정확할 수 있으며, 표적에서 반사되어 온 파형의 주파수 변화량으로부터 거리를 환산하는 방법이다.

이에 따라 Pulsed TOF 방식은 장거리 측정에 적합하고 성능이 상대적으로 우수한 반면 시스템의 크기가 크고, 비용이 높다는 것이 단점이다. FMCW 방식, Phase shift 방식 등은 비용을 줄이기 위해 도입되고 있으며, 빠른 스캐닝(측정)이 가능한 반면 주파수의 비선형성에 의해 시스템의 성능이 제한되어 FMCW는 수 십미터 정도의 거리 측정이 가능한 것이 단점이다.

구분	Pulsed TOF 방식	FMCW 방식	Phase shift 방식
레이저 광원	Nd:YAG, CO_2	반도체	반도체
파워	1.5MW	3mW	10mW
파장	1,064nm	650nm	1,100nm
검출소자	APD (어밸런치 포토다이오드)	APD (어밸런치 포토다이오드)	APD (어밸런치 포토다이오드)
측정거리	300~20km	2~30m	2~400m
샘플링 레이트	1~20kHz	4kHz	52kHz
최소감지 파워	12.7nW	200nW	23pW
정밀도	5m	36mm	21mm
오실레이터 주파수	30MHz	4~60MHz	1MHz
레이저 출력형태	펄스	램프	사인파
비용	고비용	저비용	저비용
시스템 복잡도	간단	복잡	복잡

[표 12] 주요 거리측정 프로세스간 비교

ⅴ) 센서기술 세대교체

최근 라이더 분야의 기술진전이 두드러지는 자율주행차 분야는 라이더 센서기술에서도 세대교체를 예고하고 있으며, 차세대 기술이'슈퍼 라이더'로 명명됨에 따라 기존의 전통적인 의미에서의 라이더를 벗어난 감지원리(센서기술)의 세대교체로 나타나고 있다. 제1세대 자율주행 라이더에서는 기계적 구조를 개선하여 큰 부피와 고비용을 개선하고 MEMS 등의 최소화가 이루어졌다면, 제2세대로서 기존 라이더의 원리에 따른 한계를 뛰어넘어 고해상도화, 장거리화, 고속화를 도모하기 위한 융합개발 등으로 이어지고 있다.

일례로, 기존의 Pulsed TOF 방식에 따른 거리추정방식이 근적외광(900~1,100nm 및 1,500nm 부근의 파장을 갖는 광원)의 활용으로 태양의 파장과 겹치며 짧은 펄스의 잡음에 약하고, 악천후 시 장거리 측정이 어렵다는 등의 문제를 해결하기 위해 FMCW 방식을 활용하거나, 수광부를 APD(Avalanche Photo Diode, 광전효과를 이용하여 빛을 전기로 변환하는 반도체 포토다이오드)로 바꿔 감도를 높이고 있으며, 카메라 수준의 해상도 구현을 위하여 수광부에 일반 CMOS 이미지 센서를 접목하는 등 다양한 시도가 이루어지고 있다.

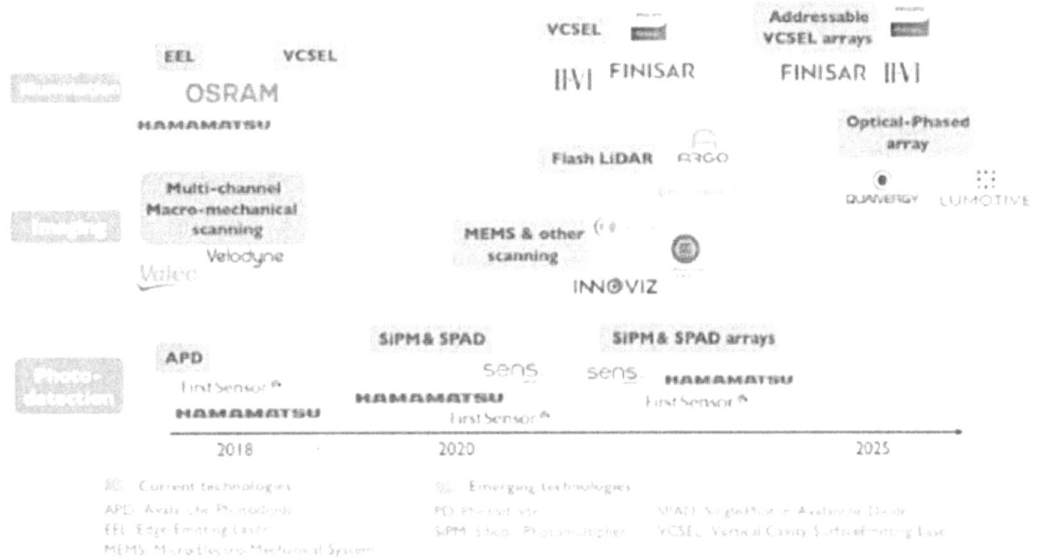

[그림 34] 라이더 주요 요소 기술별 업체 동향

5) ECU

기존에 상용화된 ADAS 기술의 경우 주로 단일 센서가 적용되고 주어진 상황이 단순하였으나, 자율주행을 위해 다양한 센서가 조합되어 사용됨과 동시에 자동차가 처리해야 할 외부 정보가 계속해서 증가함에 따라 센서들로부터 수집된 정보들을 종합 분석하고 정확한 판단 및 제어하는 능력이 점점 더 중요해지고 있다.

ADAS 판단 및 제어 기술의 핵심은 전자 제어 장치(Electronic Control Unit, ECU)와 임베디드 소프트웨어(Embedded Software)에 있다. ECU는 차내 센서로부터 수집된 데이터를 처리하여 자동차의 엔진, 변속기, 제동장치, 조향장치, 현가장치 등의 기계장치(액추에이터)를 제어하는 차량용 임베디드 시스템으로, 마이크로 컨트롤러(Micro Control Unit, MCU), 디지털 신호 처리 장치(Digital Signal Processor, DSP), CAN 트랜시버(Controller Area Network Transceiver) 등으로 구성되며, 관련 소프트웨어들과 함께 센서에서 전달된 데이터들을 해석하여 가장 적합한 솔루션을 판단하고 제어하는 역할을 수행한다.

ADAS 임베디드 소프트웨어는 ECU의 크기, 가격, 발열 등 때문에 마이크로프로세서 및 메모리의 성능이 제한되므로, 효율적인 자원 관리와 저전력 소비가 요구된다. 또한, ECU는 센서에서 전달된 데이터들을 해석하여 가장 적합한 솔루션을 판단하고 제어하는 역할을 한다. 최근 다양한 ADAS 기술이 동시에 적용되면서 차량에 탑재되고 있는 ECU의 숫자도 차량당 150여 개 수준까지 크게 늘었다.

최근 다양한 ADAS 기술이 동시에 적용되면서 차량에 탑재되고 있는 ECU의 숫자가 크게 늘고 있고, ECU에서 가장 중요한 MCU의 경우, 고성능 ADAS를 위해 32bit 듀얼코어, 트라이코어 등의 제품이 적용되고 있다. 나아가 차량에 점점 더 다양한 ADAS 기술이 적용됨에

따라 다양한 센서와 시스템들이 서로 복잡하게 연계되면서, 이를 통합적으로 제어할 수 있는 ECU의 중요성이 커지고 있다. 현재 전 세계 여러 완성차 제조업체와 부품 업체는 차량용 소프트웨어의 재사용성, 확장성 및 호환성을 개선하고, 자동차 생산비용 절감 및 새로운 ADAS 기능개발의 발판을 마련하기 위해 차량용 소프트웨어 플랫폼인 AUTOSAR를 공동개발하고 표준화를 진행하기 위해 협력하고 있다.[40)

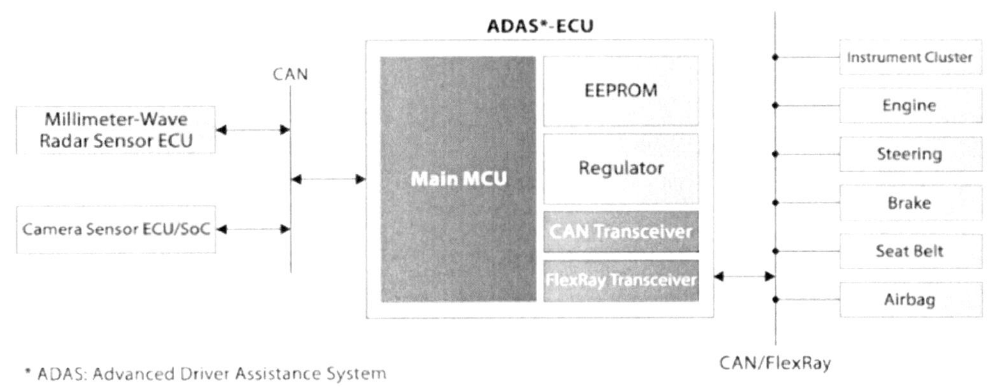

[그림 35] ECU 구성 예시

6) 임베디드 소프트웨어

차량용 임베디드 소프트웨어는 특수한 목적에 맞는 기능을 수행하도록 다양한 전자 장치들을 구동, 관리 및 제어해주는 역할을 한다. ADAS 임베디드 소프트웨어는 크게 ECU를 지원하는 운영체제 및 센서 네트워크를 위한 초소형 운영체제, 그래픽 시스템 및 메모리 파일 시스템과 데이터베이스 관리 시스템 등으로 구성되며, 마이크로프로세서 및 메모리 등에 내장되어 동작하는 운영체제, 미들웨어(Middleware) 및 응용 프로그램을 총칭한다.

ADAS 임베디드 소프트웨어는 ECU의 크기, 가격, 발열 등 때문에 마이크로프로세서 및 메모리의 성능 등이 제한되므로, 효율적인 자원 관리, 저전력 소비 등으로 최적화가 요구된다.

또한, ADAS 시스템에서 소프트웨어의 오동작, 지연 및 작동 중지는 심각한 결과로 이어질 수 있어 ADAS 임베디드 소프트웨어는 안전성과 관련하여 고도의 신뢰성이 요구되고 있다. 한편, 전 세계 여러 완성차 제조업체와 부품업체들은 차량용 소프트웨어의 재사용성, 확장성 및 호환성을 개선하고, 자동차 생산비용 절감 및 새로운 ADAS 기능 개발의 발판을 마련하기 위해 차량용 소프트웨어 플랫폼인 AUTOSAR를 공동개발하고 표준화를 진행하기 위해 협력하고 있다.

---

40) 스마트카, 한국IR협의회, 2020.07.02

7) 인공지능과 자율주행[41]

자율주행에서의 인공지능의 중요성과 역할은 날로 높아지는 추세이다. 특허청에 의하면 자율주행 분야 인공지능기술 관련 특허가 2011년 10건 이하이던 것이 2018년 128건, 2019년 200건, 2020년 155건을 기록하는 등 급증하고 있다. 자율주행 분야 전체 특허 중 인공지능기술 관련 특허의 비중 역시 2016년 이전엔 1% 이하이던 것이 2019년 5%를 넘어섰다. 이러한 추세는 자율주행 분야에서의 인공지능기술의 중요성을 반영한 결과라 볼 수 있으며, 최근 자율주행 자동차 관련 사고가 증가하면서 인공지능을 통해 안전하고 효율적인 자율주행을 지원하고자 하는 기술수요가 반영되었다 볼 수 있다. 비록 최근 10년간 자율주행 분야에서의 인공지능 관련 특허가 자율주행의 핵심기술인 인지·판단·제어 기술보다 교통제어와 같은 인프라 연계기술 분야에서 더 많이 출원되었지만, 인지·판단·제어 기술에 한정해서 보면 인지기술 28%, 판단기술 18%, 제어기술 8%로 인지 분야 특허 출원이 가장 많은 것을 볼 수 있다.

전체	2016	2017	2018	2019	2020	총계
자율주행 기술(건)	2,860	3,023	3,481	3,802	4,082	17,248
인공지능 기반(건)	31	60	128	200	155	574
인공지능 기반 출원비율(%)	1.08%	1.98%	3.68%	5.26%	3.80%	15.80%

[표 13] 국내 특허 출원 현황

i) 센서수집정보를 통한 객체 인식

자율주행의 가장 중요한 첫걸음은 주변 교통상황 및 객체들에 대한 정확한 판별 및 상황이해이며, 인공지능은 이러한 주변 사물의 인지에 활용된다. 인공지능은 자율주행 자동차의 각종 센서들이 수집한 정보를 기반으로 빠른 시간 내에 데이터로부터 사물의 종류와 형태를 넘어 그 의미까지 이해하여 사물인식정보를 추출한다. 자율주행은 운전자가 아닌 자율주행시스템이 상황을 인식하여 즉각적인 반응을 수행해야 하므로, 주변사물에 대한 높은 정확도의 인식율과 실시간 처리가 핵심이며, 이렇게 신속성과 정확성을 모두 만족해야 하므로 기술 구현의 난이도가 매우 높을 수밖에 없다. 대부분의 자율주행 자동차 제작사들이 카메라, 레이더, 라이다, 초음파, 적외선 센서 등 다양한 센서를 복합적으로 활용(fusion)하여 사물을 인식해 온 반면, 최근 딥러닝 기반의 인공지능 기술이 빠르게 발전하면서, 카메라를 통해 수집되는 정보에 기반하여 인간의 시각으로 인식하기 어려운 사물들까지도 더 정확하고 빠르게 인지해내는 기술 수준에 도달하였다. 딥러닝 기반의 인공지능 기술은 단순히 주변 사물을 인식하는 수준을 넘어 사물들의 움직임 및 의미를 해석하는 수준으로 발전하였다. 차량의 진행방향, 보행자의 움직임, 교통표지의 의미 등과 같이 인식된 사물들의 의도(intention)를 이해하는 수준에까지 오른 것이다. 즉, 인공지능기술이 발전하면서 카메라 영상과 같은 단일 센서 정보만으로도 인공지능 알고리즘을 통해 사물을 정확하게 인지할 수 있다는 것이다.

---

41) 자율주행 알고리즘, ICT Standard Weekly 제1057호

[그림 36] 딥러닝 기술을 활용한 사물 인식

ⅱ) 학습을 통한 안정적 주행 지원

인공지능은 규칙 기반(rule-based)의 자동화 된 차량제어를 넘어 안전하고 효율적인 차량주행방법을 스스로 학습하며 주행능력을 향상시키고 있다. 그간 대부분의 자동화된 차량제어시스템에 적용되어 온 규칙 기반 제어방식은 다양한 상황 시나리오에 기반한 정교한 제어모델을 모두 개발해야 하고, 미리 정의된 시나리오가 아닌 상황에 직면하거나 주행환경이 상이한 다른 국가 등에 적용될 경우 사전에 정의되어 입력된 차량제어규칙이 적용되기 어려운 비효율성이 존재하였다. 자율주행 자동차는 다양한 교통상황에 모두 대응할 수 있어야 하기 때문에, 이러한 규칙 기반 차량제어방식은 자율주행 자동차에 있어 한계가 분명하다 할 수 있다.

최근 딥러닝 기반의 인공지능 구현을 통해 인간 운전자의 차량제어방식을 학습하여 인간운전자에 버금가는 또는 이를 넘어서는 학습 기반 자율주행 알고리즘이 개발되고 있다. 딥러닝 기반 인공지능 기술이 차량제어방식을 학습하는 절차는 사람이 운전을 배울 때 다양한 교통상황을 경험하는 것과 비슷하다. 방대한 양의 주행데이터를 학습하여 어떤 상황에서 어떻게 차량을 제어하면 어떤 결과로 이어지는 등의 일련의 차량제어과정을 익힌다. 따라서, 안정적인 자율주행을 위해서는 인공지능이 다양한 교통상황 및 예측하기 어려운 상황에도 대응이 가능하도록 최대한 많은 주행데이터를 확보하는 것이 관건이라 할 수 있다. 딥러닝 외에도 강화학습(reinforcement learning) 기반 인공지능 기술역시 자율주행 알고리즘 개발에 적용되고 있

다. 강화학습은 2016년 구글 딥마인드에서 개발한 알파고와 바둑 천재 이세돌 프로와의 대국을 통해 국내에 널리 알려진 바 있다. 강화학습은 딥러닝과 달리 많은 양의 데이터 또는 인간의 개입이 없이 알고리즘 개발자가 설정해놓은 성공과 실패에 대한 보상(reward) 함수에 의해 최적의 솔루션을 찾아가는 인공지능 기술이다. 인공지능은 보상함수에 근거하여 수백만 번의 차량제어에 대한 시행착오와 보상을 통해 보상을 극대화할 수 있는 최적의 차량제어 방법을 학습하게 된다.

[그림 37] 딥러닝과 강화학습

8) 강화학습과 자율주행[42)]

강화학습은 알파고와 이세돌의 바둑대결로 크게 대중의 관심을 끈 기법으로 모델링과 주행 데이터 확보가 어려운 상황에서 효과적이면서도 높은 완성도로 주행상황에 관한 판단이 가능해진다. 그리고 나라마다 다른 교통법규에 대응하기 위하여 전이학습(Transfer Learning)이 최근 연구되고 있다. 이 방법은 새로운 영역에 활용될 때 적용 분야가 서로 다르더라도 기존 방식을 최대한 활용하여 단시간에 성능을 발휘하는 게 가능하게 한다.

예를 들면, 사과를 깎는 방법을 익힌 인공지능 프로그래밍을 배를 깎는 프로그래밍에 적용하여도 단시간에 높은 성능을 얻을 수 있다는 것이다. 딥러닝 기반 자율주행 기술은 고가의 센서가 아닌 저가의 범용 센서들을 사용하면서도 소수의 개발자에 의해 매우 단시간에 구현되고 있다. 개발된 딥러닝 기반 자율주행 기술은 오픈소스 형태로 공개되고 있으며, 연구자들의 참여와 경쟁을 통해 더욱 빠르게 고도화시키고 있어 향후 기술경쟁의 혁신적 변화를 가속화 할 것이다.

---

42) 스마트카, 한국IR협의회, 2020.07.02

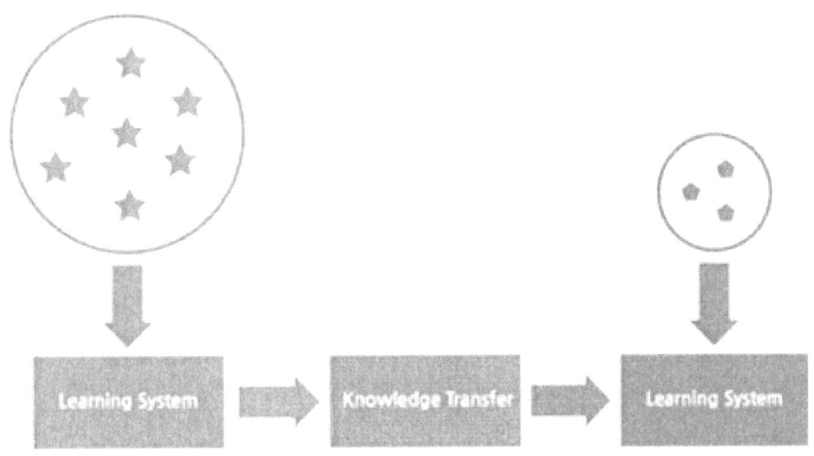

[그림 38] 전이학습 개요

9) 주행 데이터의 확보

인공지능 기술의 발전으로 인해 자율주행 기술의 패러다임이 변화하고 있다. 고가의 센서와 자동차 산업의 전문가가 중심이 되었던 자율주행 기술을 인공지능 분야의 전문가들이 저가의 범용 센서를 통해 더 높은 수준의 기술을 구현해내고 있다.

최근의 인공지능 기술은 기계학습 과정에서 활용되는 데이터에 따라 성능이 좌우될 수 있으므로 방대한 주행 데이터를 확보해 자율주행 지능을 고도화시키는 기업이 향후 경쟁을 선도할 가능성이 크다. 따라서 많은 주행데이터를 학습할수록 기능의 완성도가 높아지기에 다양한 최악의 환경에서의 주행데이터를 확보하는 것이 매우 중요하게 된다. 하지만 차량의 진입속도, 진행 방향, 교통량 등 주행 중에 다양한 경우의 수가 있기에 이를 상정한 주행데이터를 확보하기는 매우 어렵다.[43]

안전성을 최우선으로 추구하는 자동차 산업의 특성상 딥러닝 등 인공지능 기술만으로 상용화 수준의 자율주행 기술을 개발하기까지는 상당한 시간이 소요될 것으로 예상된다. 다만 자율주행차 시장이 본격 개화 시 충분한 데이터를 확보하고 고도화된 지능을 보유한 기업들과 그렇지 않은 기업의 기술 격차는 매우 크고 후발 주자가 단기간에 따라잡기 어려울 것이다.

10) 독립 자율주행으로의 전환

현재 실제 도로에서 자율주행을 하기 위해 실시간으로 업데이트되는 지도, 센서 사각지대 정보 등이 필요하므로 인프라나 다른 차량과 통신하는 연결형 자율주행이 독립형보다 안전성을 높일 수 있을 것이다. 그러나 막대한 비용의 인프라 투자에도 불구하고 기술개발 발전속도를 예측하지 못해 발생하는 인프라 재투자와 최신성과 항상성 유지의 어려움이 공존하고 있다.

---

43) 스마트카, 한국IR협의회, 2020.07.02

또한, 모든 지역에 인프라를 구축하는 것은 사실상 불가능하고 비경제적이므로 완전 자율주행은 독립형 자율주행을 통해 구현될 것이다. 자율주행차 시대는 단기적으로는 제한된 지역 내 연결형 자율주행 중심에서, 장기적으로는 독립형 자율주행 중심과 최소화된 연결형 자율주행으로 점진적으로 전환될 전망이다.

11) 기술 발전 방향

자율주행차는 ADAS의 고도화와 인공지능 자율주행 기술을 기반으로 진화를 거듭중이다. 그러나, 2018년 우버(Uber)의 차량이 자율주행모드를 테스트하던 중 보행자를 들이받아 숨지게 하였고, 테슬라(Tesla)의 자율주행차 역시 중앙분리대를 인식하지 못해 운전자가 사망하는 사고가 발생하였다.

이로 인해 자율주행차의 안전성에 대한 우려가 커지고 있으며, 센서를 기반으로 한 독립형 자율주행 기술의 완성도에 대한 의구심을 불러일으키는 계기가 되었다. 현재 센서를 통한 인지능력의 한계를 극복하기 위해 통신시설, 정밀지도 등 인프라를 구축하여 보완하는 연결형 자율주행이 대안으로 제시되고 있다.

i) 연결형 자율주행을 위한 V2X 시스템

연결형 자율주행의 핵심 기술로 V2X(Vehicle-to-Everything) 시스템이 떠오르고 있다. V2X 시스템은 차량과 네트워크 서버(Network Server), 차량(Vehicle), 인프라(Infrastructure), 전력망(Grid), 보행자(Pedestrian) 간 교통상황 정보를 교환하여 운전자를 보조하고 사고를 예방하며, 교통체계를 효율화하는 차량 사물통신을 위한 하드웨어와 소프트웨어를 말한다.

V2X 시스템에서 차량이 다른 차량이나 도로변 기지국과 데이터를 송수신하기 위한 무선 통신 방식은 하이패스에 이용되고 있는 DSRC-V2X와 이동통신 기지국(Cellular)을 이용하는 C-V2X로 세분된다. C-V2X는 양방향 통신이 가능하고 전송 범위도 DSRC-V2X에 비해 약 2배정도 넓으며, 반응시간도 약 3배 빨라 C-V2X는 향후 성장성이 높을 것으로 전망되며, 최근 5G 이동통신을 이용할 수 있도록 표준화되고 있다.

ii) 정밀지도

한편, 정밀지도는 지형의 고저, 도로의 곡선반경, 곡률 등의 주변 환경 정보를 포함하는 지도를 말한다. 정밀지도는 자율주행차의 위치 측정 및 경로 계획을 지원하여 자율주행에 요구되는 데이터 처리량을 대폭 줄여줄 수 있다.

정밀지도는 디지털맵(Digital Static Map), 위치추정 맵(Localization Map), 동적(Dynamic) 계층으로 나뉘어지며, MMS(Mobile Mapping System) 차량을 운행하여 위치 및 지형, 시설

물의 상세 정보를 획득하고, 해당 정보들을 취합한 후에 데이터베이스에 저장함으로써 완성되게 된다.

정밀지도는 센서의 한계를 극복할 수 있는 대안으로 떠오르고 있으며, 실시간 교통 데이터에 의한 경로 판단으로 경제적인 운행을 가능하여 자율주행의 질을 높여 줄 도구가 될 것이다.

미국 ICT 업체(구글, 애플, 우버 등)들은 독자적으로 지도 서비스 부문을 강화하고 있으며, 일본의 경우에는 정부가 민간기업들과 협력해 HD맵 실용화를 추진하고 있다. 유럽에서는 HERE가 약 4,300km의 도로 DB를 구축했으며, 196개국에 50개 언어로 차량용 지도 서비스 중으로 독일 3사를 비롯하여 싱가포르 국부펀드 GIC, Navinfo, 중국 Tencent 등 인수기업과 컨소시엄을 구성해 공동으로 정밀지도 기술을 개발하고 있다.

한국에서 정밀지도 개발에 가장 앞선 기업은 현대오토에버다. 전국 자동차전용도로 1만6000km 구간에 대한 정밀지도 구축을 끝낸 상태다. 현재 지속적으로 최신화 작업을 진행 중이지만, 아직 차량에 적용한 사례는 없다. 이르면 현대차가 제네시스 G90에 국내 최초로 자율주행 3단계 기술을 적용하는 올해 말부터 본격적으로 정밀지도와 정밀지도 송수신기를 공급할 것으로 보인다.

네이버·카카오 등 IT 기업들도 정밀지도 사업에 뛰어들었다. 카카오모빌리티가 선정한 올해 핵심 과제 중 하나는 '정밀지도 구축'이다. 이미 지난해 말 정밀지도 시스템 개발 스타트업 스트리스를 인수하면서 초석을 마련했다. 네이버의 선행기술 자회사 네이버랩스는 최근 정밀지도 기반의 자율 주행 소프트웨어 '알트라이브'를 적용한 자율주행차의 주행 영상을 공개했다. SKT는 전 세계 정밀지도 1위 기업인 네덜란드의 히어(HERE)와 손잡고 고도화된 T맵을 준비 중이다.[44)

12) 차세대 지능형교통시스템(C-ITS)[45)

지능형교통시스템(ITS, Intelligent Transportation System)는 기존의 교통체계에 전자제어, 통신기술 등 첨단 IT 기술을 접목하여 실시간 교통정보를 다각적으로 제공하고 신속, 안전한 효율적인 교통을 실현하는 교통 네트워크와 정보통신 기술 간의 통합적 시스템을 의미한다. 이렇게 구축된 ITS 인프라와 시스템 안에서 생성된 교통정보를 통해 응용서비스와 콘텐츠가 제공되며 5개의 응용서비스의 영역으로 구분된다.

이처럼 ITS 서비스 산업을 구성하는 기술 요소 중 차량이 주행하면서 도로 인프라 및 다른 차량과의 지속적인 상호 통신을 통해 각종 정보의 교환 및 자원 공유를 지원하는 차량통신 기술이 핵심기술이며 실시간으로 생성되는 정보를 처리하고 연계하는 데이터 기술 및 정보보호와 보안 기술 등을 통해 ITS 서비스가 구현된다.

---

44) 이제는 'cm 싸움'이다… 자율주행 앞두고 뜨거운 '정밀지도', 국민일보, 2022.04.04
45) 스마트 모빌리티, 한국IR협의회, 2020.07.09

구분	서비스 정의 및 응용 서비스
첨단교통관리시스템 (ATMS)	• Advanced Traffic Management System • 도로 위 차량 특성, 속도 등의 교통정보를 실시간으로 파악하여 도로교통관리를 효율적으로 수행하기 위한 시스템 • 실시간 교통관리제어, 돌발상황관리, 자동교통단속, 자동요금징수
첨단운전자정보시스템 (ATIS)	• Advanced Traveler Information System • 교통량, 출발지에서 목적지까지의 최단 경로, 소요시간 등 교통정보를 운전자에게 제공하여 안전하고 원활한 최적의 교통정보 지원 • 운전자 정보 서비스, 최적경로 안내 서비스, 여행정보 서비스 등
첨단대중교통정보시스템 (APTS)	• Advanced Public Transportation System • 대중교통 운영체계의 정보화를 바탕으로 이용자의 편의정보 제공 및 운송회사의 업무 효율성 지원 • 대중교통 정보 서비스, 대중교통 관리 서비스
첨단차량도로시스템 (AVHS)	• Advanced Vehicle and Highway System • 차량 및 도로에 설치한 통신 송수신 장치를 통해 교통사고 예방및 도로소통 능력을 증대시키고 궁극적으로 자동운전시스템을 지원 • 차량 간격 자동제어, 완전자동운전
물류운영시스템 (CVO)	• Commercial Vehicle Operation System • 사업용 차량의 관제를 통하여 효율적 운영 및 관리를 지원 • 전자 통관 서비스, 화물차량 관리 서비스

[표 14] ITS 응용서비스 구분

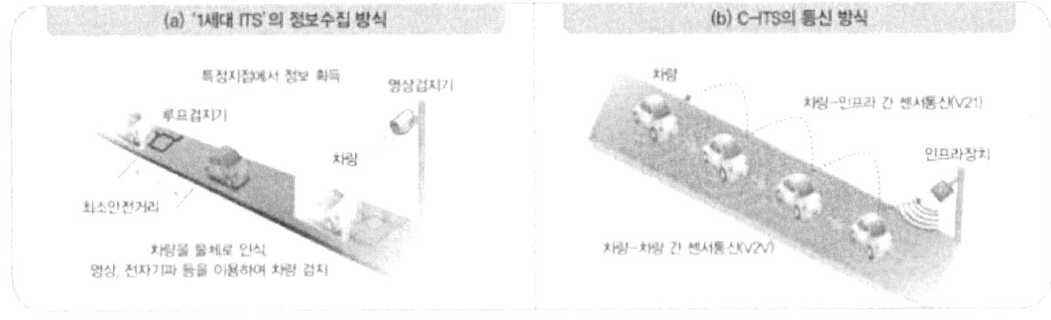

[그림 39] C-ITS의 기존 ITS 대비 특징

정보통신기술발전으로 인해 고정식 검지 및 단방향 통신을 활용하는 1세대 ITS에서 차량 위치기반의 이동형 검지 및 양방향 통신에 기반을 둔 C-ITS(Cooperative ITS)로 지능형교통체계가 진화하고 있다.

　이러한 통행수단 및 기술의 변화에 따라 주요 선진국들은 C-ITS와 차량 자동화를 접목한 협력형 자율주행시스템인 차량-도로 자동화를 구현하기 위한 연구개발 및 시범사업을 추진 중이다. 국내에서도 교통사고 예방을 통한 안전성과 이동성 향상과 도로관리 중심에서 이용자안전 중심의 패러다임 변화에 발맞춰 가공정보, 사후관리 중심의 기존 ITS 개념에서 실시간 정보, 사전대응 중심의 C-ITS 개념을 도입하였다. 현재 한국도로공사 등 공공기관과 민간기업의 주도하에 대전시~세종시 고속도로 및 몇몇 국도와 시가지도로에서 C-ITS 확대기반 조성을 위한 기술·서비스 개발 및 검증을 위한 시범사업을 진행하고 있다. 이를 통해 교통안전에 관한 효과 및 경제성을 분석하여, ITS 응용서비스를 개발 및 확대기반 조성을 위한 제도 와 인증 기준을 마련한다는 계획이다. 더 나아가 자율주행차량의 한계 극복을 위한 도로 인프라 및 서비스를 구성함으로써 향후 완전 자율주행 시대에서의 C-ITS의 역할이 더욱 중요해질 전망이다.

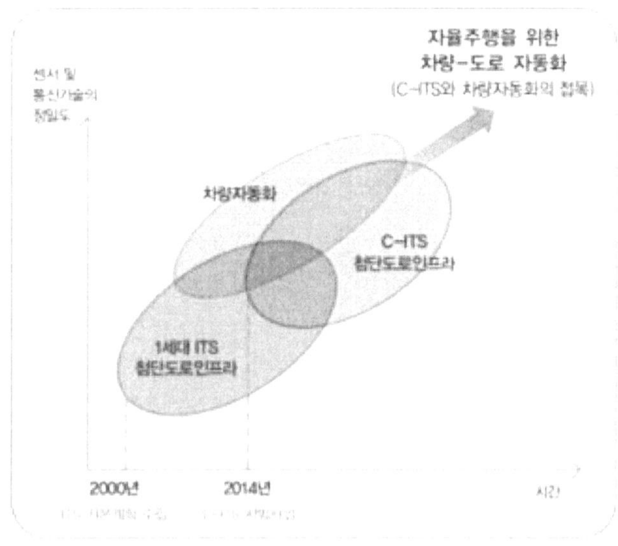

[그림 40] 자율주행을 위한 C-ITS의 역할

IV. 시장동향

IV. 시장 동향

1. 세계 현황

자율주행차의 글로벌 시장규모는 연평균 41% 성장하여 2035년에는 1조 1,204억 달러로 완전자율주행차의 시장점유율이 급격한 성장할 것으로 예상된다. 또한, 레벨 4 이상 완전자율주행차 세계 시장 규모는 2020년 6.6억 달러에서 연평균 84.2% 성장하여 2035년에는 6,299억 달러 규모에 달할 전망이다.[46)]

구분	2020년	2025년	2030년	2035년	CAGR(%)
조건부 자율주행 (레벨3)	63.9	1,235	3,456	4,905	33.6
완전 자율주행 (레벨4 이상)	6.6	314	3,109	6,299	84.2
합계	70.5	1,549	6,565	11,204	40.2

[표 15] 세계 자율주행차 시장 전망 (2020년~2035년) (단위: 억 달러)

HIS 등 시장조사기관의 예측에 따르면, 자율주행자동차는 관련 규제가 적은 북미와 유럽 지역을 중심으로 초기 시장을 형성한 뒤 2025~2035년에 급성장할 것으로 예측된다. HIS(2016)는 자율주행자동차의 세계 판매량이 2025년 60만 대, 2035년 2,100만 대에 이를 것으로 전망하였다.[47)]

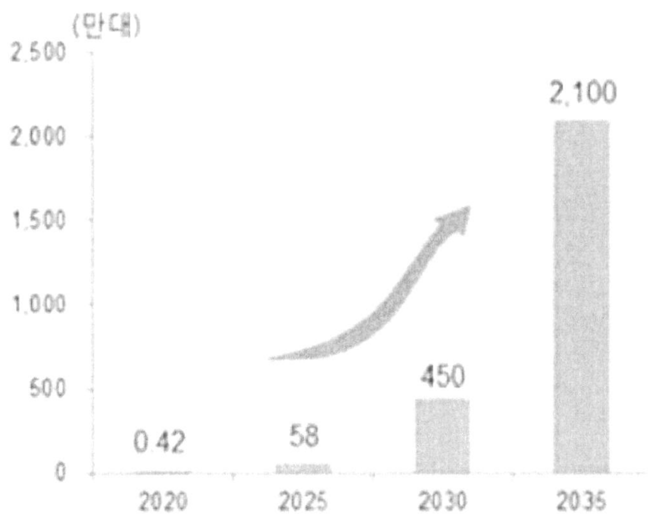

[그림 41] 세계 레벨 4 및 5 자율주행 자동차 시장 전망

---

46) 자율주행기술, 한국과학기술기획평가원, 2019
47) 4차 산업혁명이 주목한 자율주행자동차, 산업 Insight, 2018

테크나비오에 따르면, 글로벌 자율주행차 시장규모는 2020년에 351만 대에서 연평균 성장률 21.12%로 증가하여 2024년에 987만 대에 달할 것으로 전망된다. 글로벌 자율주행차 시장규모는 2020년에 71억 달러를 상회할 것으로 전망되며, 2025년에 약 1,549억 달러, 2030년에 6,565억 달러, 2035년에 약 1조 1,204억 달러를 기록하며 연평균 41.0% 성장할 것으로 예상된다. 2030년을 지나 자율주행 기술이 성숙 되면서, 제한 자율주행차와 완전 자율주행차의 시장 규모가 역전될 것으로 전망된다.

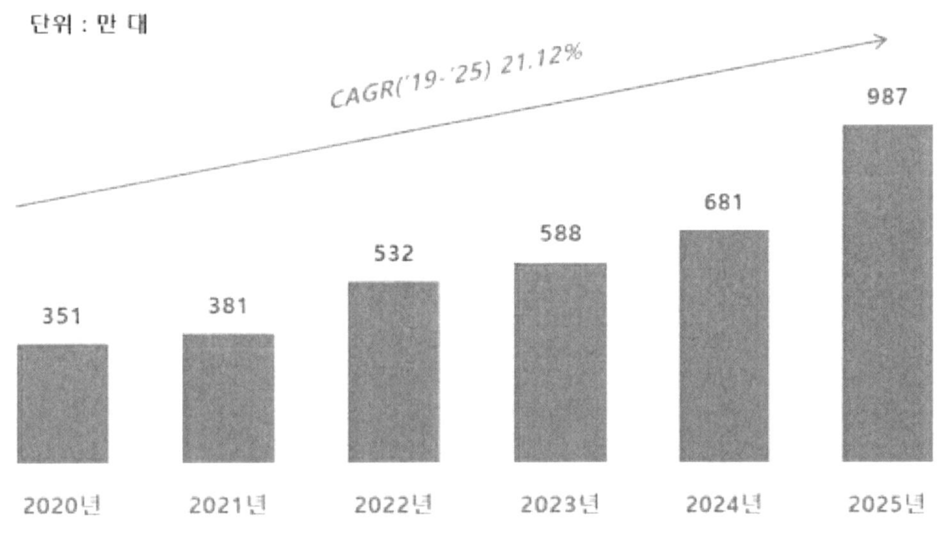

[그림 42] 글로벌 자율주행차 시장규모 전망

지역별로 살펴보면, 2019년을 기준으로 북미 지역이 연평균 성장률 39.54%로 가장 높은 성장률을 나타냈다. 북아메리카는 2019년 136만 대에서 연평균 성장률 39.54%로 증가하여 2024년에는 359만 대에 이를 것으로 전망되고, 유럽은 2020년 121만 대에서 연평균 성장률 31.56%로 증가하여 2024년에는299만 대에 이를 것으로 전망된다. 아시아-태평양은 2019년 82만 대에서 연평균 성장률 26.77%로 증가하여 2024년에는 151만 대에 이를 것으로 전망되며, 남아메리카는 2019년 7만 대에서 연평균 성장률 1.42%로 증가하여 2024년에는 15만 대에 이를 것으로 전망된다. 마지막으로 기타 지역은 2019년 5만 대에서 연평균 성장률 0.71%로 증가하여 2024년에는 9만 대에 이를 것으로 전망된다.[48]

---

48) 유망시장 Issue Report -자율주행차, 연구개발특구진흥재단, 2021.07

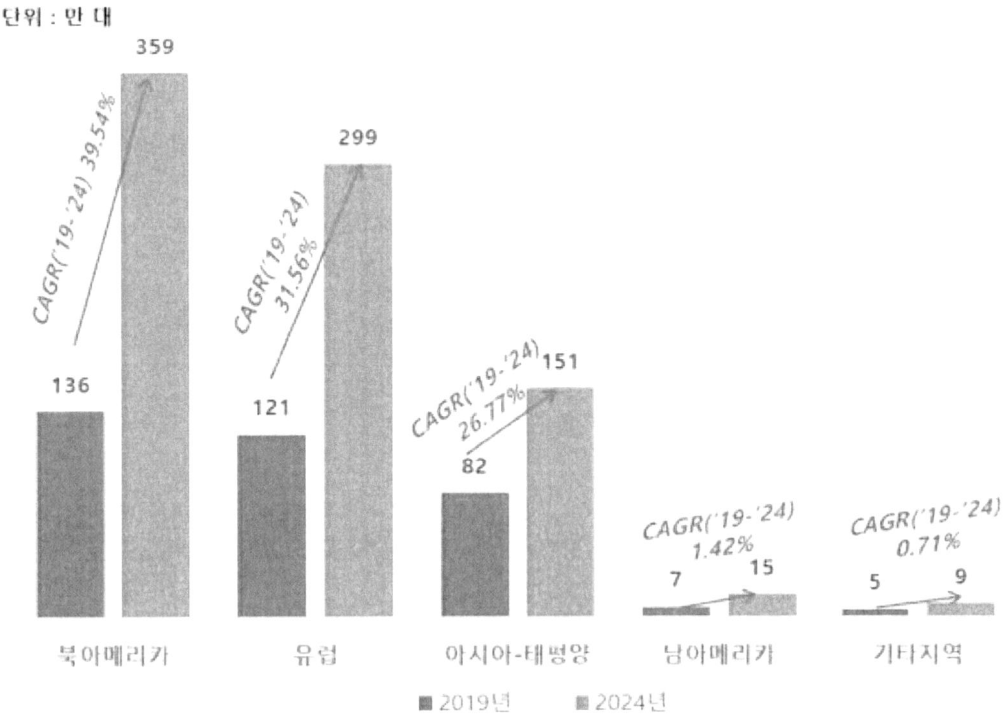

[그림 43] 전 세계 자율주행차 지역별 규모 및 전망

컨설팅회사 PwC는 최근 보고서를 통해 신차 중 레벨3 이상 자율주행차 비중을 2020년 6%, 2025년 25%,2030년 62%로 전망하였으며, 이는 다른 기관들의 전망치에 비해 매우 긍정적인 편이다. 49)

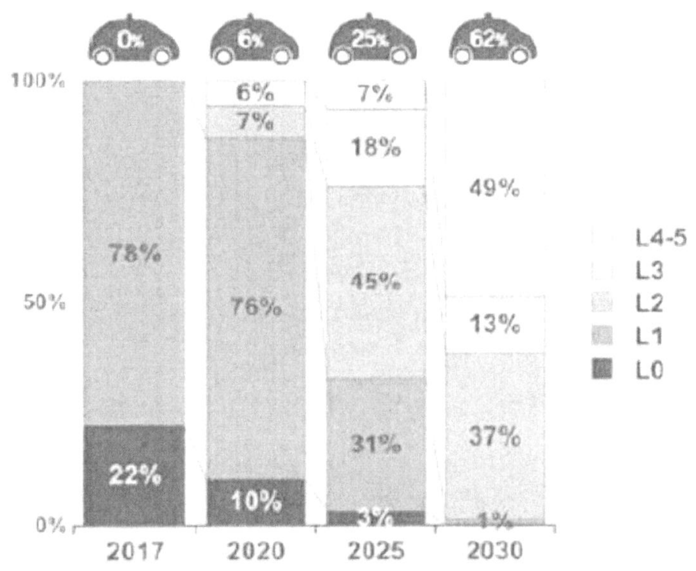

[그림 44] 세계 자율주행자동차 레벨별 비중전망

49) 4차 산업혁명이 주목한 자율주행자동차, 산업 Insight, 2018

시장조사기관 가트너는 인간의 감독 없이 자율주행을 구현하는 하드웨어가 탑재된 차량이 전 세계적으로 2018년 13만 7,129대에서 2023년 74만 5,705대로 증가할 것이라고 예상했다.[50]

사용 사례	2018년	2019년	2020년	2021년	2022년	2023년
상업 부문	2,407	7,250	10,590	16,958	26,099	37,361
소비자 부문	134,722	325,682	380,072	491,664	612,486	708,344
총 대수	137,129	332,932	390,662	508,622	638,585	745,705

[표 16] 2018년-2023년 자율주행 가능 차량 총 증가량

자율주행자동차 시장규모에 대해서는 여러 컨설팅 기업 및 리서치 기업들이 각기 다른 예상을 하고 있는데, 그 중 럭스 리서치(Lux Research)에 의하면 2030년까지 자율주행자동차 시장규모가 880억 달러에 이를 것으로 예상하였고, 2030년 시장 점유율의 92%는 2단계 자율주행자동차가, 나머지 8%는 3단계 자율주행자동차가 차지할 것으로 전망된다.

한편 글로벌 시장조사업체 AMR(Allied Market Research)에 의하면 자율주행자동차 시장규모는 2019년 542억달러에서 2026년에는 5560억달러규모로, 연평균 39.47%의 성장율을 보이며 성장할 것으로 예상되었다.

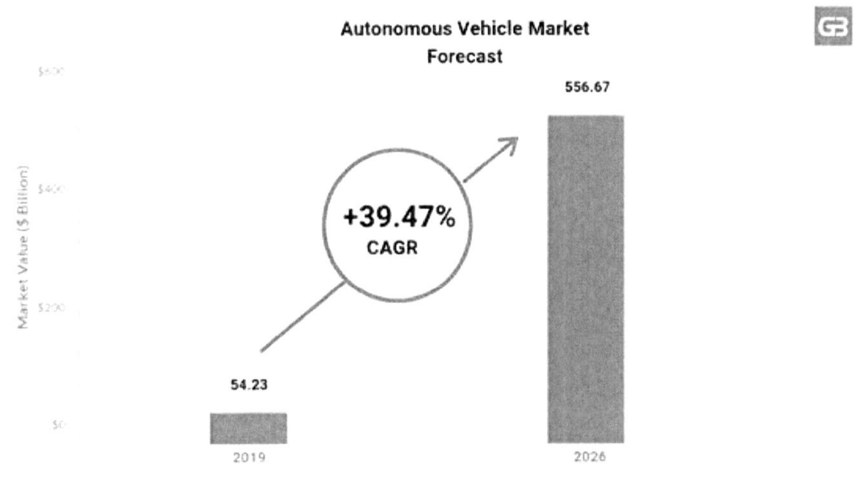

[그림 45] 자율주행자동차 전체 시장규모

IHS 등 시장조사기관의 예측에 따르면, 자율주행자동차는 자율주행과 관련한 규제가 상대적으로 적은 북미와 유럽지역이 중심이 되어 초기 시장이 형성된 후 2025~2035년에 시장이 급성장할 것으로 보았으며, 현재 글로벌 기업들이 공격적으로 자율주행기술의 연구개발에 집중투자를 하고 있고 선진국을 중심으로 관련 규범이 개편 중인 바, 자율주행기술이 안정적으로

50) "2023년 전 세계 자율주행 차량 74만 대 이상" 가트너 전망, CIOKorea, 2019.11.18

확보되고 합리적인 소매가격이 형성된다면 자율주행자동차의 시대는 머지않을 것으로 보인다.
또한 IHS는 2021년에 전세계 자율주행자동차 판매량이 3300만대에 이를 것으로 예측하였고,
해당 예측의 배경으로 미국이 2019년부터 자율주행자동차를 본격적으로 생산하기 시작하였다
는 점을 주목하고 있다.

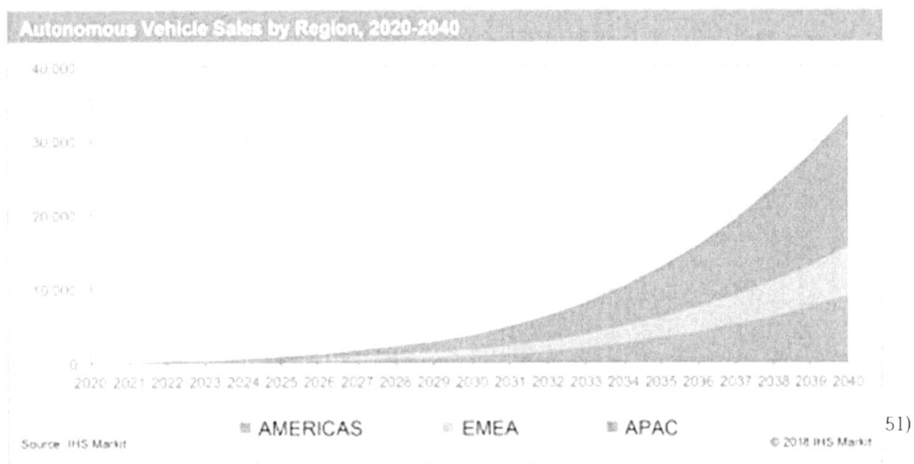

[그림 46] 지역별 자율주행자동차 예상 판매량(단위: 1000대)

 2017년 Markets and Market의 보고서에 따르면 전 세계 고급 자율주행차 시장은 2025년
27,906대에서 연평균 성장률 35.35%로 증가하여, 2030년에는 126,774대에 이를 것으로 전망
된다.

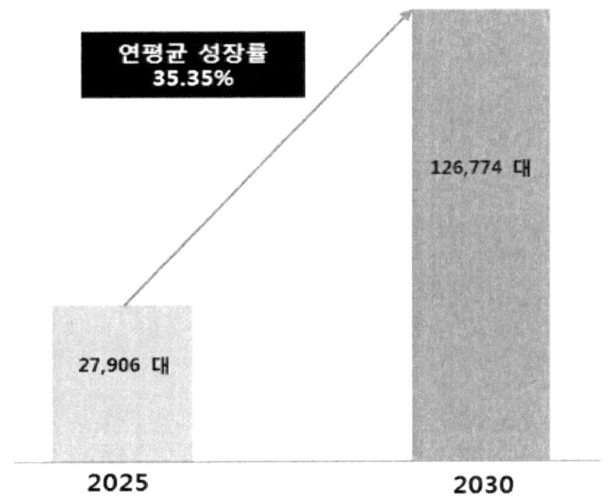

[그림 47] 글로벌 고급 자율주행차 시장 규모 및
전망

 전 세계 고급 자율주행차 시장은 차체 종류에 따라 세단/해치백형과 SUV형로 구분할 수

---

51) 실리콘밸리에서 미래자동차의 모습을 보다 - ③ 4차 산업혁명시대 융복합 기술의 결정체: 자율주행
    자동차, KOTRA, 2020.04.28

있다. 세단/해치백형은 2025년 18,061대에서 연평균 성장률 33.83%로 증가하여, 2030년에는 77,541대에 이를 것으로 전망되며, SUV형은 2025년 9,845대에서 연평균 성장률 37.98%로 증가하여, 2030년에는 49,233대에 이를 것으로 전망된다.

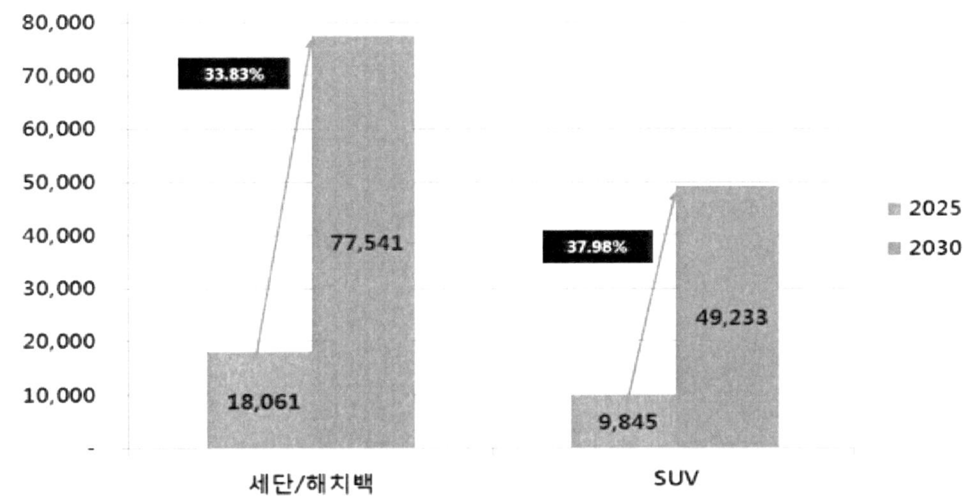

[그림 48] 글로벌 고급 자율주행차 시장의 차체 종류별 시장 규모 및 전망 (단위: 대)

전 세계 고급 자율주행차 시장은 연료 종류에 따라 순수전기 자동차형(BEV), 하이브리드/플러그-인 하이브리드 자동차형(HEV/PHEV), 내연기관 자동차형(ICE), 수소연료전지 자동차형(FCEV)으로 분류된다.

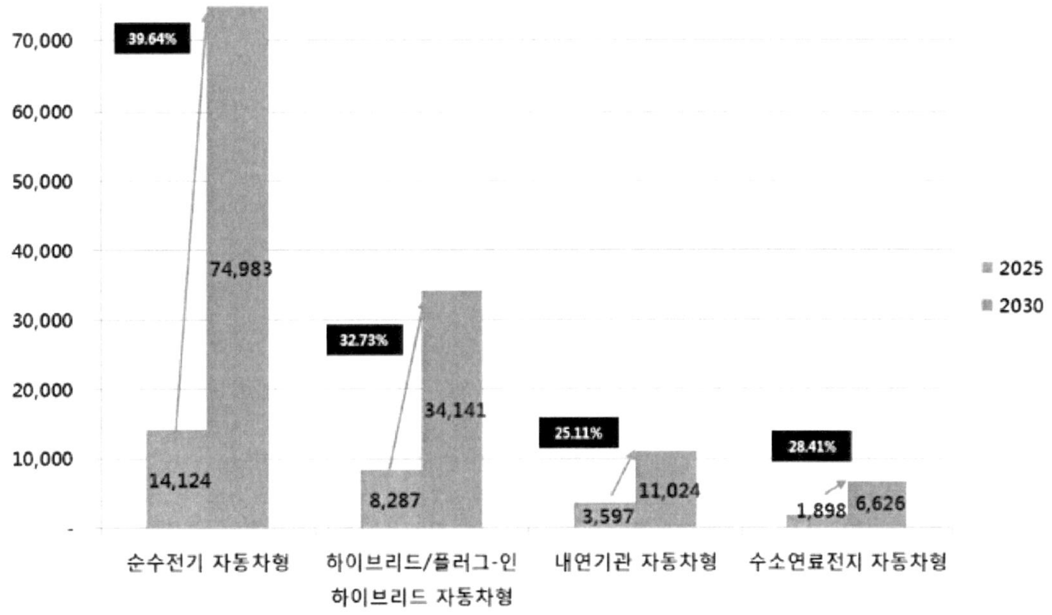

[그림 49] 글로벌 고급 자율주행차 시장의 연료 종류별 시장 규모 및 전망 (단위: 대)

순수전기 자동차형은 2025년 14,124대에서 연평균 성장률 39.64%로 증가하여, 2030년에는

74,983대에 이를 것으로 전망되며, 하이브리드/플러그-인 하이브리드 자동차형은 2025년 8,287대에서 연평균 성장률 32.73%로 증가하여, 2030년에는 34,141대에 이를 것으로 전망된다.

내연기관 자동차형은 2025년 3,597대에서 연평균 성장률 25.11%로 증가하여, 2030년에는 11,024대에 이를 것으로 전망되고, 수소연료전지 자동차형은 2025년 1,898대에서 연평균 성장률 28.41%로 증가하여, 2030년에는 6,626대에 이를 것으로 전망된다.

전 세계 고급 자율주행차 시장은 최종 소비자에 따라 카세어링용과 개인용으로 분류된다. 카세어링용은 2025년 17,808대에서 연평균 성장률 37.66%로 증가하여, 2030년에는 88,022대에 이를 것으로 전망되고, 개인용은 2025년 10,097대에서 연평균 성장률 30.86%로 증가하여, 2030년에는 38,752대에 이를 것으로 전망된다.

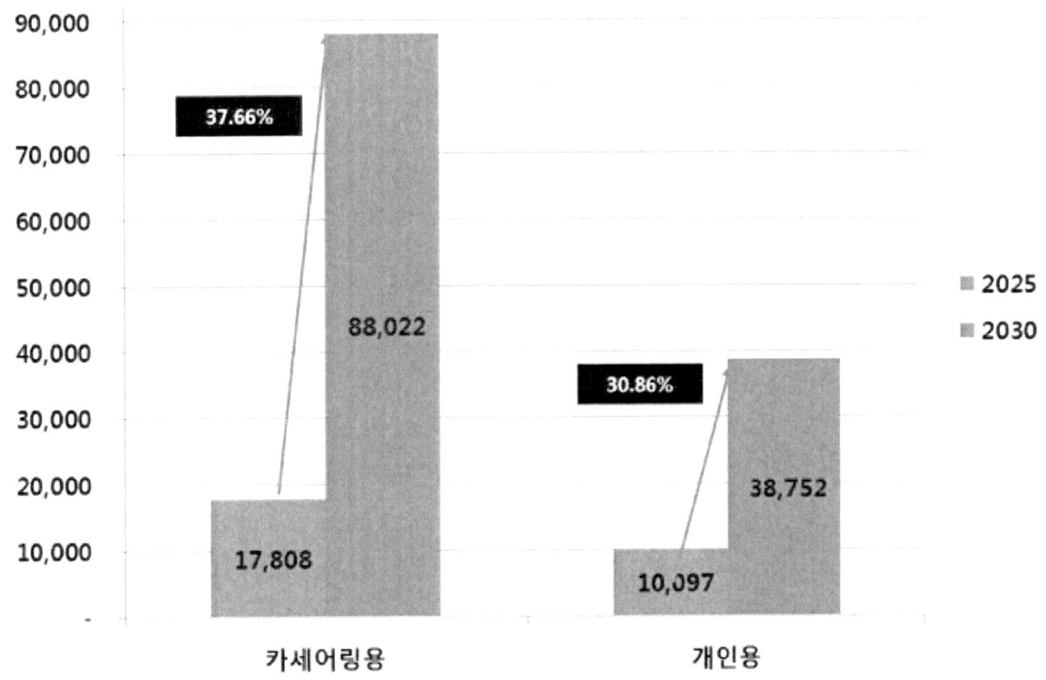

[그림 50] 글로벌 고급 자율주행차 시장의 최종 소비자별 시장 규모 및 전망 (단위: 대)

전 세계 고급 자율주행차 시장은 구성부품별에 따라 바이오메트릭 센서, 카메라 유닛, 라이다 센서, 레이더 센서, 초음파 센서가 포함된다.

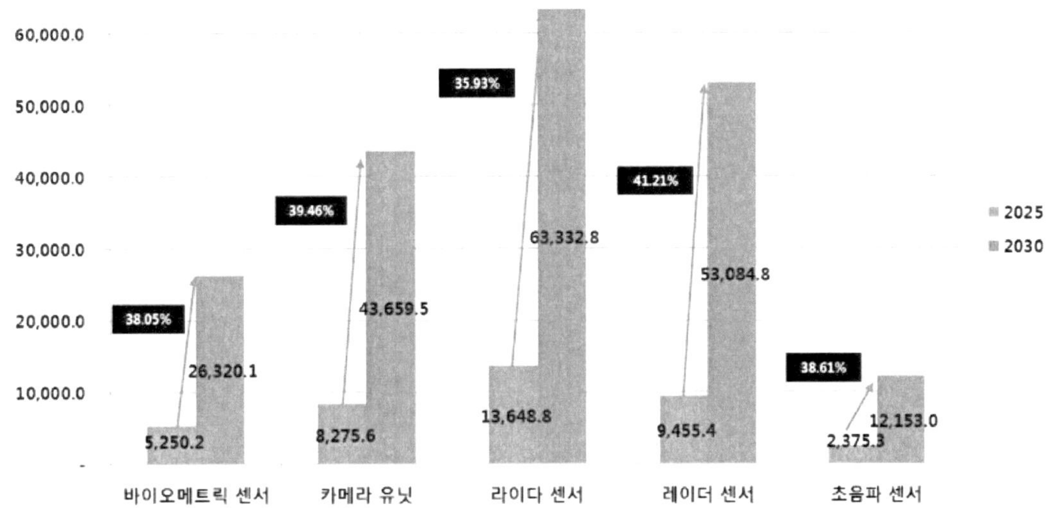

[그림 51] 글로벌 고급 자율주행차 시장의 구성부품별 시장 규모 및 전망 (단위: 천 달러)

바이오메트릭 센서는 2025년 525만 200달러에서 연평균 성장률 38.05%로 증가하여, 2030년에는 2,632만 100달러에 이를 것으로 전망된다.

또한, 카메라 유닛은 2025년 827만 5,600달러에서 연평균 성장률 39.46%로 증가하여, 2030년에는 4,365만 9,500달러에 이를 것으로 전망되고, 라이다 센서는 2025년 1,364만 8,800달러에서 연평균 성장률 35.93%로 증가하여, 2030년에는 6,333만 2,800달러에 이를 것으로 전망된다.

레이더 센서는 2025년 945만 5,400달러에서 연평균 성장률 41.21%로 증가하여, 2030년에는 5,308만 4,800달러에 이를 것으로 전망되며, 초음파 센서는 2025년 237만 5,300달러에서 연평균 성장률 38.61%로 증가하여, 2030년에는 1,215만 3,000달러에 이를 것으로 전망된다.

전 세계 고급 자율주행차 시장을 지역별로 살펴보면, 북미 지역이 2025년을 기준으로 48.27%로 가장 높은 점유율을 나타낼 것으로 예상된다.

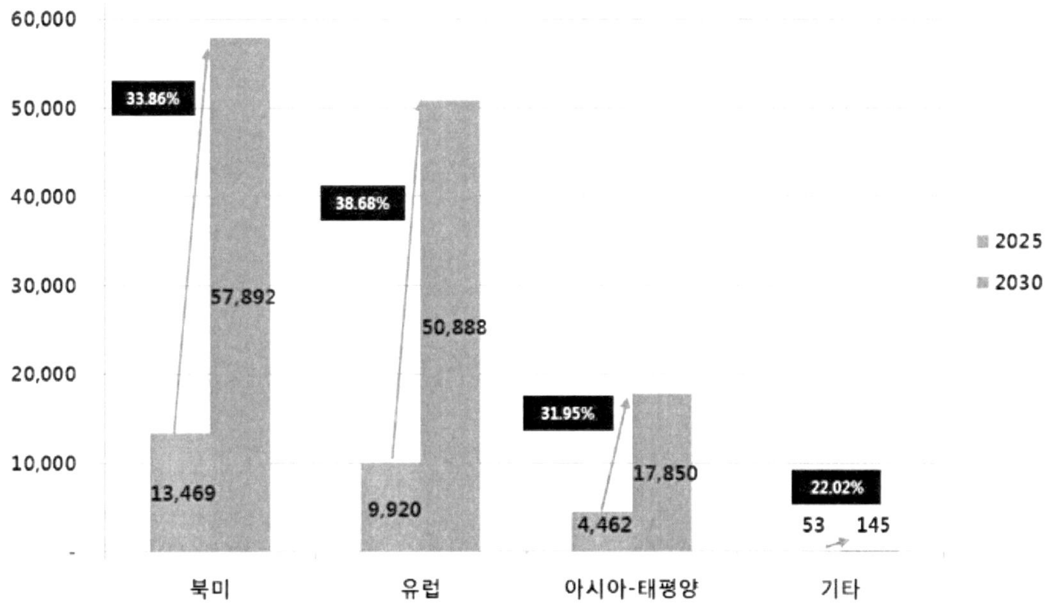

[그림 52] 글로벌 고급 자율주행차 시장의 지역별 시장 규모 및 전망 (단위: 대)

북미 지역은 2025년 13,469대에서 연평균 성장률 33.86%로 증가하여, 2030년에는 57,892대에 이를 것으로 전망되며, 유럽 지역은 2025년 9,920대에서 연평균 성장률 38.68%로 증가하여, 2030년에는 50,888대에 이를 것으로 전망된다.

아시아-태평양 지역은 2025년 4,462대에서 연평균 성장률 31.95%로 증가하여, 2030년에는 17,850대에 이를 것으로 전망되고, 아시아-태평양 지역은 2025년 53대에서 연평균 성장률 22.02%로 증가하여, 2030년에는 145대에 이를 것으로 전망된다.[52]

자율주행차용 센서 및 전장품은 안전, 운전보조 목적으로 빠르게 성장, 2022년 관련 센서 시장규모만 258억 달러에 이를 것으로 전망된다.

1) 분야별 시장 현황
i) V2X[53]

차량의 V2X 시장 규모는 2020년 8억 달러에서 2030년 148억 달러로 성장할 것으로 예측되고 있으며, 이후 더욱 급격하게 성장할 것으로 예상된다. 또한, 북미 컨설팅 회사 그랜드뷰 리서치의 시장 전망자료에 의하면 글로벌 V2X 시장은 2025년까지 30조 원(267억 달러) 규모로 성장할 것으로 전망된다.

52) 고급 자율주행차 시장, 연구개발특구기술 글로버 시장동향 보고서, 연구개발특구진흥재단, 2017
53) 자율주행차 연결기반 인식 기술 'V2X' 현주소는? '통신 모듈' ①, 테크월드, 2017.11.06

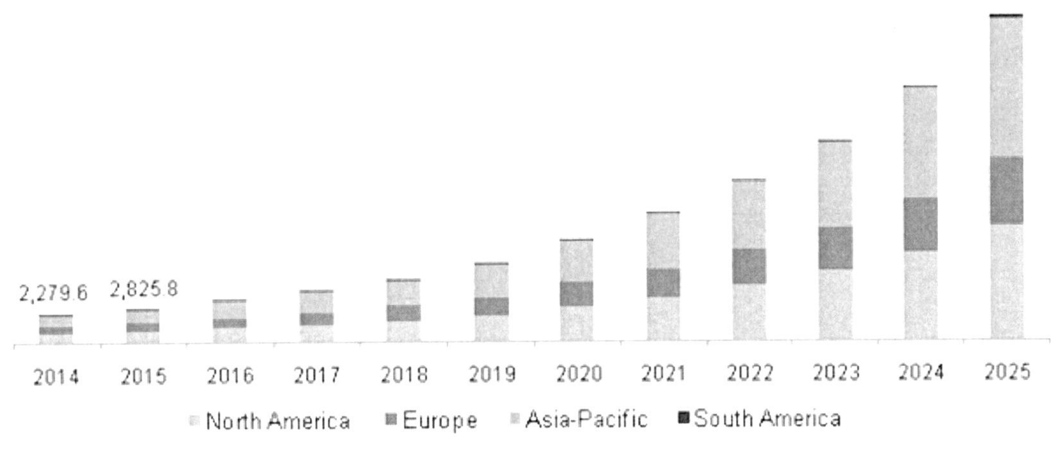

[그림 53] V2X 시장 전망

미국 정부의 V2V 법제화에 따라 V2X 통신 모듈을 장착한 신차는 2015년 500만대에서 2010년 1870만대로 연평균 30%로 증가할 것으로 시장조사기관 비전게인(Visiongain)은 전망했다. 또 최근들어 미국 외에도 선진국을 중심으로 V2V를 넘어 V2I 의무화가 추진되고 있다. 이에따라, 글로벌 시장조사업체 IHS 마킷에 따르면 2024년 전세계 승용차 중 V2X를 장착한 차량은 1120만대 이상이 될 것으로 보인다. 이는 전세계 승용차의 12% 수준이다.

IHS마킷은 보고서를 통해 V2X가 근거리전용무선통신솔루션(DSRC) 중심으로 구축될 것으로 예상했지만 초반에는 셀룰러 V2X 기술(C-V2X)이 주를 이룰 것으로 내다봤다. DSRC는 이미 기술적인 측면에서 입증됐으나 현재 중국 등 다수의 업체들이 C-V2X 기반으로 초기 테스트를 진행 중이다. 이 기술은 다수의 지역에서 시장모멘텀을 얻고 있다.

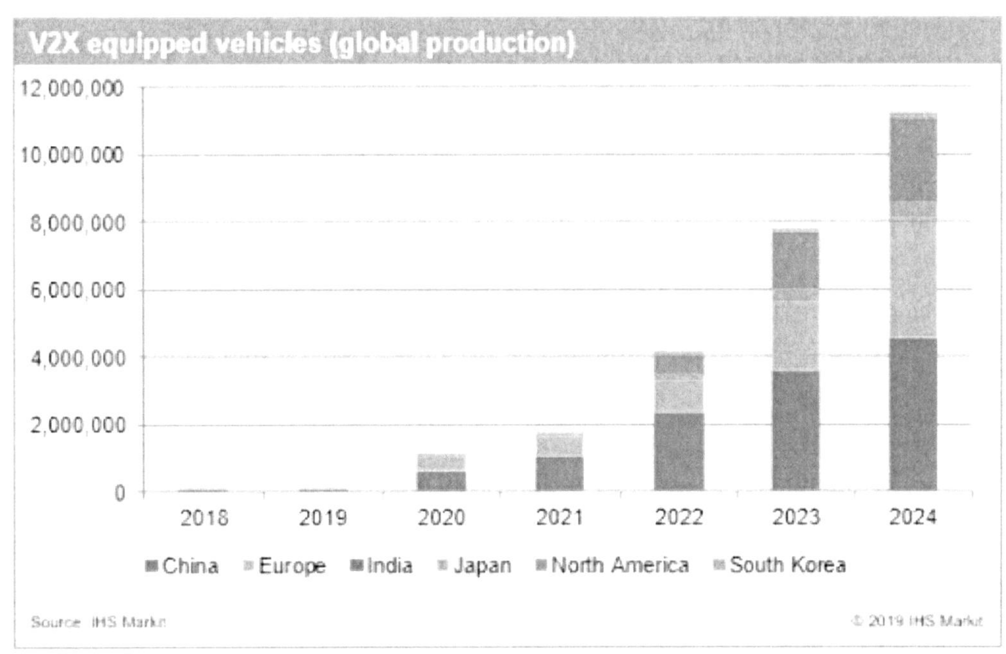

[그림 54] V2X를 장착한 차량 대 수

중국은 2020년에 C-V2X 기술을 적용한 승용차 약 63만대를 생산해 전세계 V2X 시장을 선도할 것이며 2024년까지 이 같은 강세가 지속될 것으로 IHS마킷은 전망했다. 이어 유럽이 두 번째로 큰 시장이 될 것으로 봤다. 물론 아직 DSRC 기반의 솔루션에 다수가 의존하고 있어 2020년까지 약 41만대 이상의 관련 차량을 선보이고 2023년이 되면 C-V2X 기반 차량도 생산될 것으로 예상했다.

이외에 일본과 한국은 2021년까지 DSRC 기반의 솔루션 발전이 이뤄지고 양국에서 약 6만대 이상의 차량을 생산할 것으로 IHS마킷은 전망했다. 북미에서도 C-V2X를 장착한 차량이 2021년부터 생산될 것으로 예상했다. 인도와 남미에서는 각각 2023년, 2024년까지 V2X 관련 차량을 볼 수 없을 것으로 예상했다.[54]

ⅱ) MaaS

최근 완성차 업체를 포함하여 구글, 아마존, 애플 등의 ICT업체들, 우버와 같은 차량 공유업체들은 향후 종합 모빌리티 공급 및 서비스 업체가 되고자 하고 있다. 자율주행차 시대에서는 스마트폰처럼 제조보다는 종합 플랫폼 솔루션 업체가 시장 지배자가 될 가능성이 고려된다.

자동차업체들 가운데서는 도요타와 GM 등이 가장 먼저 MaaS(Mobility as a Service)를 내세우면서, 다양한 모빌리티의 제조와 서비스를 영위하는 플랫폼 사업자가 되겠다고 선언했다. MaaS(Mobility as a Service)의 시가총액은 2035년에 약 10조 달러에 도달할 것으로 전망된다.

---

54) 전세계 승용차 12%, 2024년이면 'V2X 시스템' 장착, MoneyS, 2019.05.20

또한, 프라이스워터하우스쿠퍼스의 자료에 따르면, 통합 이동 서비스 시장은 2017년 870억 달러에서 연평균 25%의 성장률을 보이며 2030년 1조 3,470억달러에 이를 것으로 전망했다.[55]

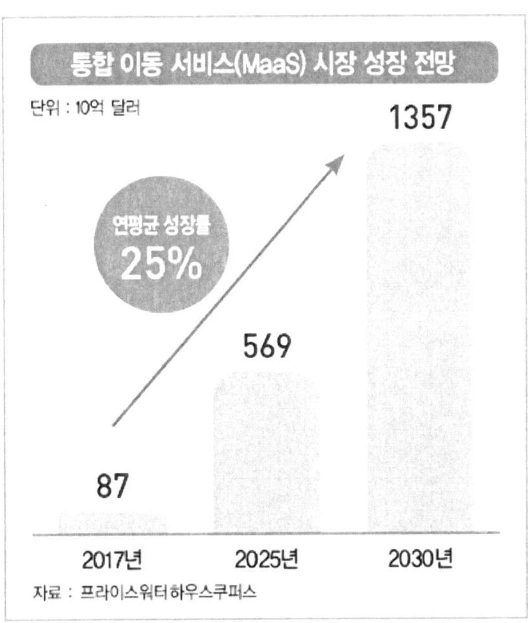

[그림 55] 통합 이동 서비스 시장 전망

iii) 자동차 사이버 보안[56]

전 세계 자동차 사이버 보안 시장은 2020년 18억 5,040만 달러에서 연평균 성장률 16.5%로 증가하여, 2025년에는 39억 7,680만 달러에 이를 것으로 전망된다.

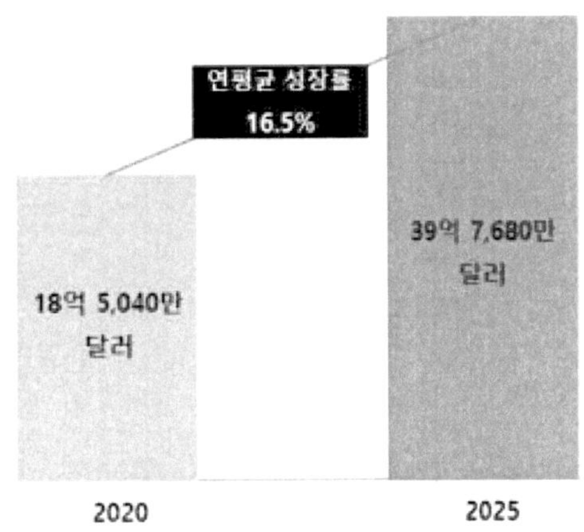

[그림 56] 글로벌 자동차 사이버 보안 시장 규모

---

55) '내 차 소유'에서 '이동 서비스'로…다가오는 모빌리티 시대, 한국경제매거진, 2019.10.30
56) 자동차 사이버 보안 시장, 글로벌 시장동향보고서, 연구개발특구진흥재단, 2021.10

전 세계 자동차 사이버 보안 시장은 차량 종류에 따라 승용차, 상용차로 분류할 수 있다. 승용차는 2020년 15억 1,860만 달러에서 연평균 성장률 16.56%로 증가하여, 2025년에는 32억 6,706만 달러에 이를 것으로 전망되며, 상용차는 2020년 1억 4,490만 달러에서 연평균 성장률 16.76%로 증가하여, 2025년에는 3억 1,442만 달러에 이를 것으로 전망된다.

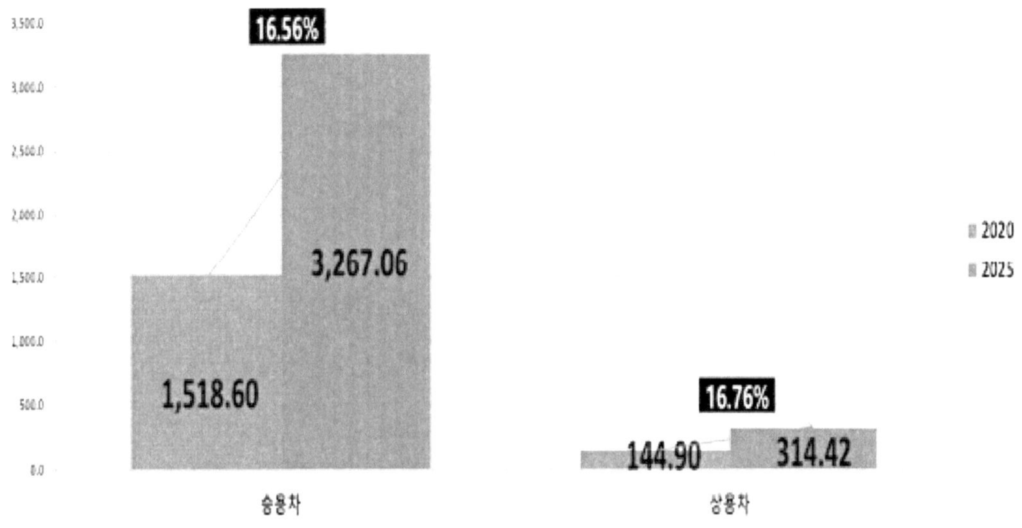

[그림 57] 글로벌 자동차 사이버 보안 시장의 차량 종류별 시장 규모 및 전망
(단위: 백만 달러)

전 세계 자동차 사이버 보안 시장은 용도에 따라 텔레매틱스, 통신 시스템, 첨단 운전자 지원 서비스(ADAS) 및 안전성, 인포테인먼트, 차체 제어 및 쾌적성, 파워트레인 시스템으로 분류할 수 있다. 텔레매틱스는 2020년 2억 6,970만 달러에서 연평균 성장률 21.2%로 증가하여, 2025년에는 7억 510만 달러에 이를 것으로 전망되며, 통신 시스템은 2020년 2억 3,830만 달러에서 연평균 성장률 20.0%로 증가하여, 2025년에는 5억 9,190만 달러에 이를 것으로 전망된다.

첨단 운전자 지원 서비스(ADAS) 및 안전성은 2020년 2억 9,540만 달러에서 연평균 성장률 18.3%로 증가하여, 2025년에는 6억 8,460만 달러에 이를 것으로 전망된다. 인포테인먼트는 2020년 2억 7,810만 달러에서 연평균 성장률 17.0%로 증가하여, 2025년에는 6억 1,000만 달러에 이를 것으로 전망되며, 차체 제어 및 쾌적성은 2020년 3억 9,090만 달러에서 연평균 성장률 12.8%로 증가하여, 2025년에는 7억 1,310만 달러에 이를 것으로 전망된다. 마지막으로 파워트레인 시스템은 2020년 3억 7,810만 달러에서 연평균 성장률 12.2%로 증가하여, 2025년에는 6억 7,220만 달러에 이를 것으로 전망된다.

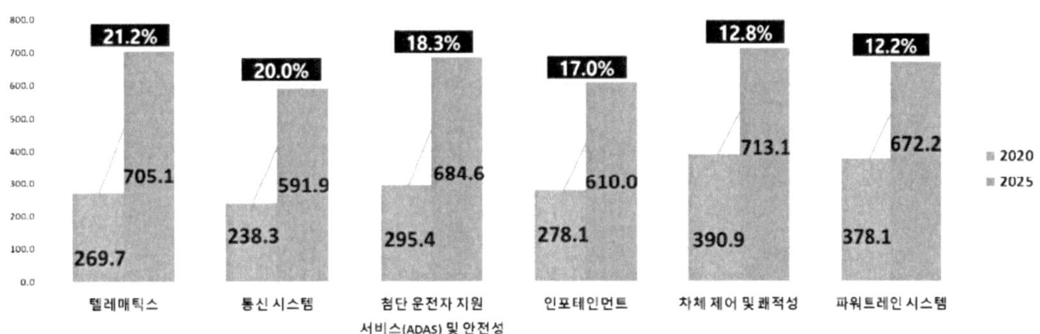

[그림 58] 글로벌 자동차 사이버 보안 시장의 용도별 시장 규모 및 전망
(단위: 백만 달러)

전 세계 자동차 사이버 보안 시장은 제공제품에 따라 하드웨어, 소프트웨어로 분류할 수 있다. 하드웨어는 2020년 3억 8,620만 달러에서 연평균 성장률 15.2%로 증가하여, 2025년에는 7억 8,390만 달러에 이를 것으로 전망되며, 소프트웨어는 2020년 14억 6,430만 달러에서 연평균 성장률 16.9%로 증가하여, 2025년에는 31억 9,290만 달러에 이를 것으로 전망된다.

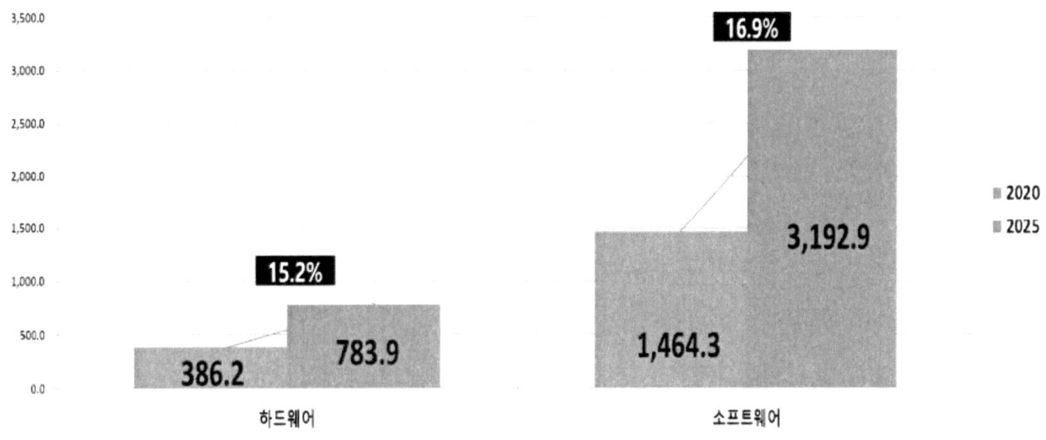

[그림 59] 글로벌 자동차 사이버 보안 시장의 제공제품별 시장 규모 및 전망
(단위: 백만 달러)

전 세계 자동차 사이버 보안 시장은 폼 타입에 따라 차량 내, 외부 클라우드 서비스로 분류할 수 있다. 차량 내는 2020년 13억 1,420만 달러에서 연평균 성장률 14.3%로 증가하여, 2025년에는 25억 6,390만 달러에 이를 것으로 전망되며, 외부 클라우드 서비스는 2020년 5억 3,630만 달러에서 연평균 성장률 21.4%로 증가하여, 2025년에는 14억 1,290만 달러에 이를 것으로 전망된다.

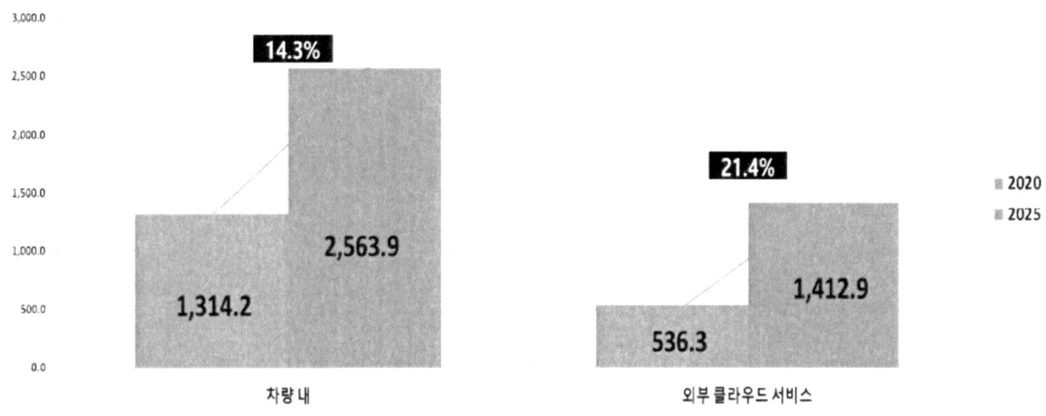

[그림 60] 글로벌 자동차 사이버 보안 시장의 폼 타입별 시장 규모 및 전망
(단위: 백만 달러)

전 세계 자동차 사이버 보안 시장은 보안 유형에 따라 애플리케이션 보안, 무선 네트워크 보안, 엔드포인트 보안으로 분류할 수 있다. 애플리케이션 보안은 2020년 9억 5,770만 달러에서 연평균 성장률 15.3%로 증가하여, 2025년에는 19억 4,960만 달러에 이를 것으로 전망되며, 무선 네트워크 보안은 2020년 5억 3,630만 달러에서 연평균 성장률 21.4%로 증가하여, 2025년에는 14억 1,290만 달러에 이를 것으로 전망된다. 마지막으로 엔드포인트 보안은 2020년 3억 5,650만 달러에서 연평균 성장률 11.5%로 증가하여, 2025년에는 6억 1,440만 달러에 이를 것으로 전망된다.

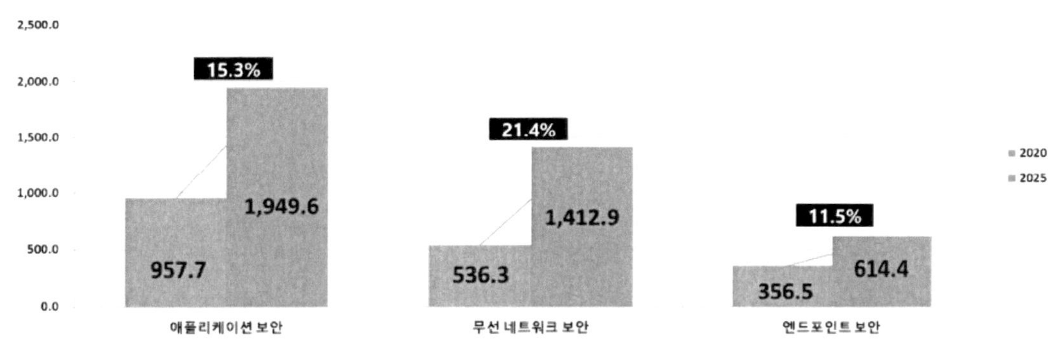

[그림 61] 글로벌 자동차 사이버 보안 시장의 보안 유형별 시장 규모 및 전망
(단위: 백만 달러)

전 세계 자동차 사이버 보안 시장은 전기자동차 용도에 따라 충전 관리, 텔레매틱스, 통신 시스템, 배터리 관리 및 파워트레인 시스템, 인포테인먼트, 첨단 운전자 지원 서비스(ADAS) 및 안전성, 차체 제어 및 쾌적성으로 분류할 수 있다. 충전 관리는 2020년 1,200만 달러에서 연평균 성장률 39.8%로 증가하여, 2025년에는 6,390만 달러에 이를 것으로 전망되며, 텔레매틱스는 2020년 2,360만 달러에서 연평균 성장률 38.2%로 증가하여, 2025년에는 1억 1,910만 달러에 이를 것으로 전망된다. 통신 시스템은 2020년 2,370만 달러에서 연평균 성장률 37.4%로 증가하여, 2025년에는 1억 1,610만 달러에 이를 것으로 전망되고, 배터리 관리 및

파워트레인 시스템은 2020년 1,980만 달러에서 연평균 성장률 36.3%로 증가하여, 2025년에는 9,300만 달러에 이를 것으로 전망된다. 다음으로 인포테인먼트는 2020년 2,710만 달러에서 연평균 성장률 35.3%로 증가하여, 2025년에는 1억 2,290만 달러에 이를 것으로 전망되며, 첨단 운전자 지원 서비스(ADAS) 및 안전성은 2020년 3,230만 달러에서 연평균 성장률 34.8%로 증가하여, 2025년에는 1억 4,370만 달러에 이를 것으로 전망된다. 마지막으로 차체 제어 및 쾌적성은 2020년 2,640만 달러에서 연평균 성장률 29.9%로 증가하여, 2025년에는 9,760만 달러에 이를 것으로 전망된다.

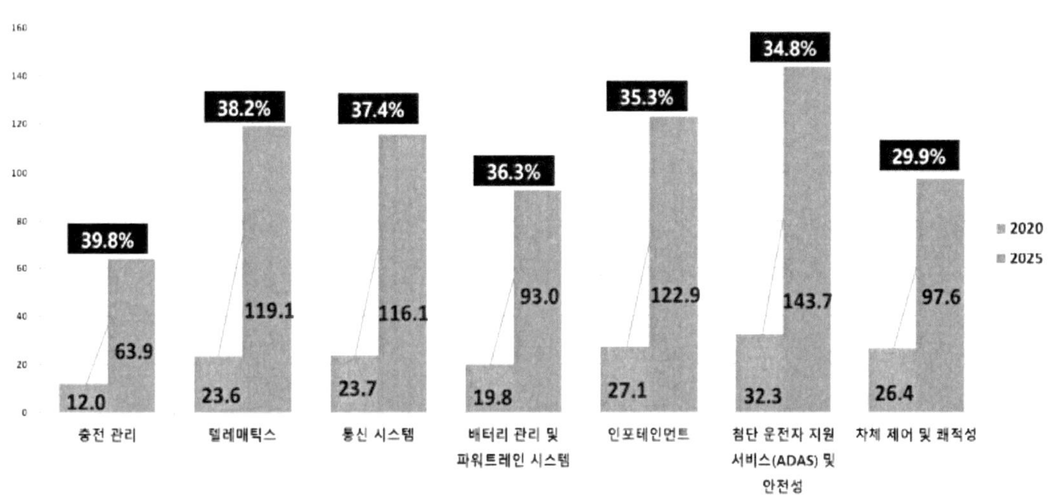

[그림 62] 글로벌 자동차 사이버 보안 시장의 전기자동차 용도별 시장 규모 및 전망
(단위: 백만 달러)

전 세계 자동차 사이버 보안 시장을 지역별로 살펴보면, 2020년을 기준으로 아시아-태평양 지역이 38.3%로 가장 높은 점유율을 나타냈다. 아시아-태평양 지역은 2020년 7억 950만 달러에서 연평균 성장률 20.4%로 증가하여, 2025년에는 17억 9,520만 달러에 이를 것으로 전망되고, 유럽 지역은 2020년 5억 5,630만 달러에서 연평균 성장률 14.8%로 증가하여, 2025년에는 11억 1,050만 달러에 이를 것으로 전망된다. 북아메리카 지역은 2020년 5억 3,470만 달러에서 연평균 성장률 13.1%로 증가하여, 2025년에는 9억 8,980만 달러에 이를 것으로 전망되며, 그 외 지역은 2020년 4,990만 달러에서 연평균 성장률 10.2%로 증가하여, 2025년에는 8,130만 달러에 이를 것으로 전망된다.

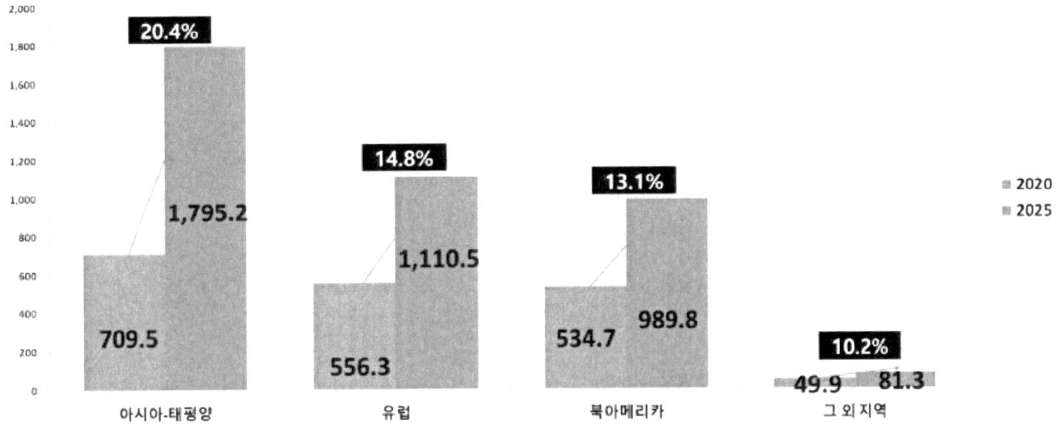

[그림 63] 글로벌 자동차 사이버 보안 시장의 지역별 시장 규모 및 전망
(단위: 백만 달러)

2. 국내 현황

 국내시장의 경우 미국, EU, 중국에 비해 규모는 작은 편이나 글로벌 수준의 자동차 생산력과
ICT기술력을 바탕으로 성장기반을 확보할 것으로 기대된다. 완전자율주행 기능의 자율주행차
국내 시장 규모는 2020년 15억 원에서 연평균 84.2%성장하여 2035년에는 14조 7,183억 원
규모에 달할 전망이다.

구분	2020년	2025년	2030년	2035년	CAGR(%)
조건부 자율주행 (레벨3)	1,439	28,552	80,753	114,610	33.6
완전 자율주행 (레벨4 이상)	15	7,341	72,651	147,183	84.2
합계	1,508	36,193	153,404	261,794	41.0

[표 17] 국내 자율주행차 시장 전망 (2020년~2035년) (단위: 억 원)

 국내 시장은 2030년 이후 자율주행과 인프라 기술의 발전으로 제한 자율주행차 시장 규모와
완전자율주행 시장 규모가 역전 될 것으로 보이며, 자율주행차 산업은 최근 태동기를 지나고
있으며, 향후 지속 성장할 유망 산업으로 평가된다.[57]

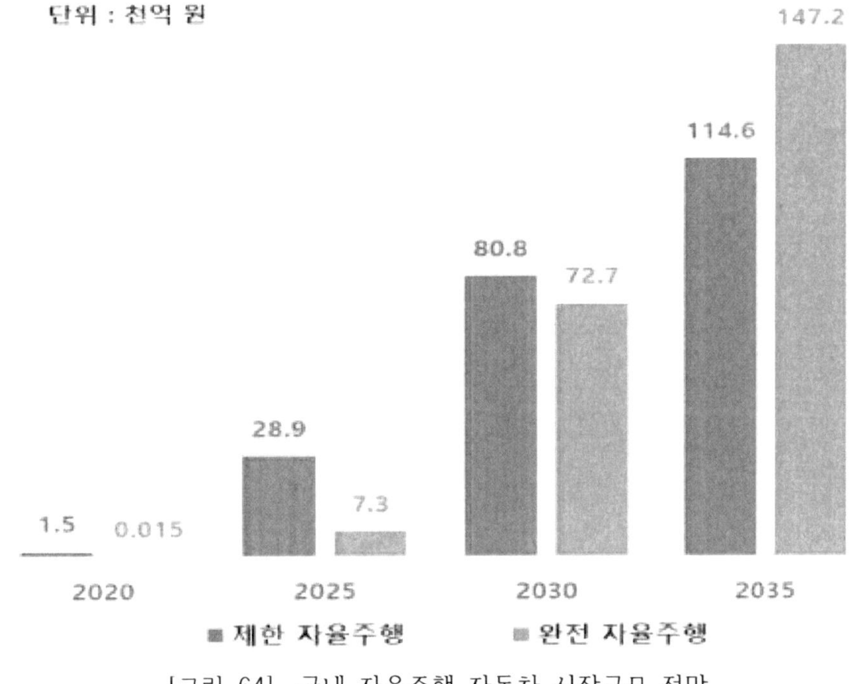

[그림 64] 국내 자율주행 자동차 시장규모 전망

57) 유망시장 Issue Report -자율주행차, 연구개발특구진흥재단, 2021.07

　우리나라의 자율주행차 시장은 2025년 164대에서 연평균 성장률 30.22%로 증가하여, 2030
년에는 613대에 이를 것으로 전망된다.

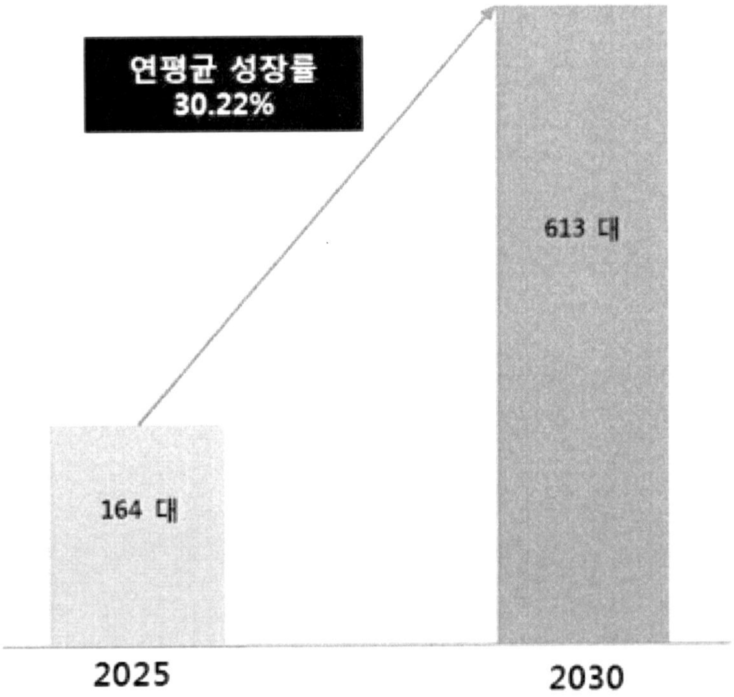

[그림 65] 우리나라 고급 자율주행차 시장의 규모 및 전망 (단위: 대)

　우리나라의 자율주행차 시장을 차체 유형별로 살펴보면, SUV형이 연평균 성장률 33.10%로
가장 높게 성장할 것으로 예상된다.

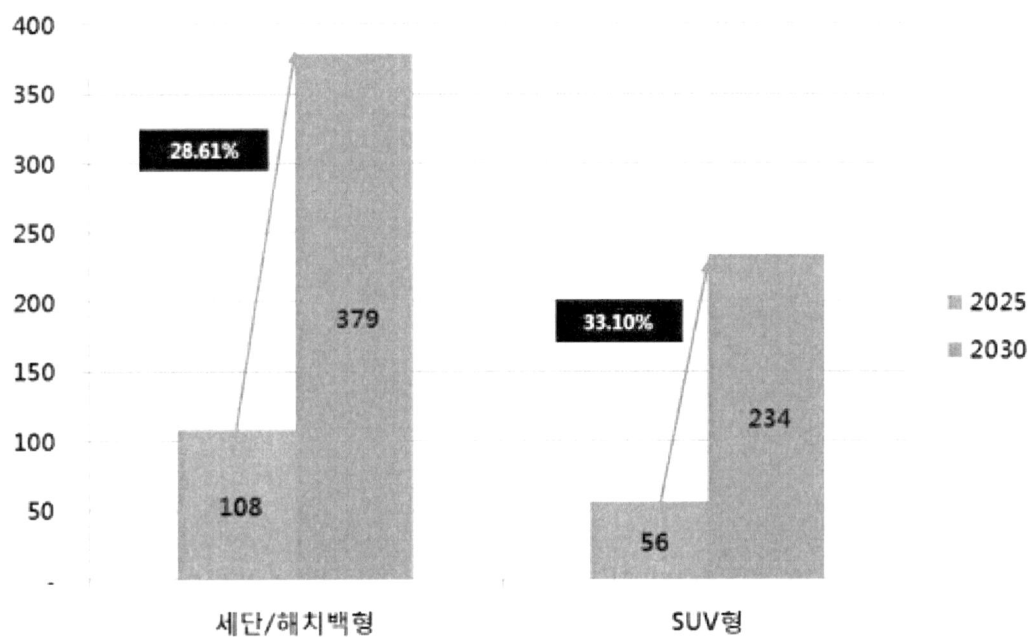

[그림 66] 우리나라 고급 자율주행차 시장의 차체 유형별시장 규모 및 전망 (단위: 대)

세단/해치백형은 2025년 108대에서 연평균 성장률 28.61%로 증가하여, 2030년에는 379대에 이를 것으로 전망되고, SUV형은 2025년 56대에서 연평균 성장률 33.10%로 증가하여, 2030년에는 234대에 이를 것으로 전망된다.[58]

---

58) 고급 자율주행차 시장, 연구개발특구기술 글로버 시장동향 보고서, 연구개발특구진흥재단, 2017

1) 분야별 시장 현황
  i) 자동차 사이버 보안[59]

우리나라 자동차 사이버 보안 시장은 1억 1,570만 달러에서 연평균 성장률 18.2%로 증가하여, 2025년에는 2억 6,700만 달러에 이를 것으로 전망된다.

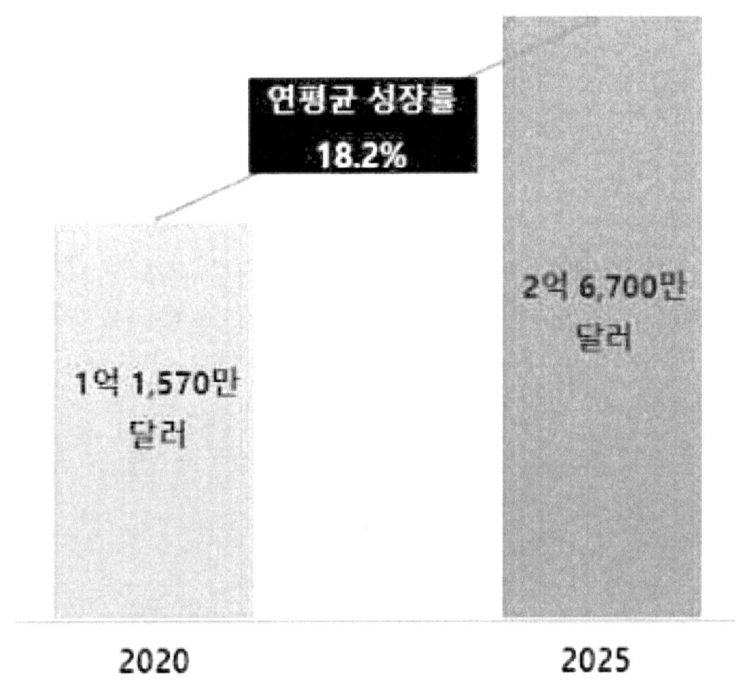

[그림 67] 우리나라 자동차 사이버 보안 시장 규모 및 전망

우리나라 자동차 사이버 보안 시장은 제공제품에 따라 하드웨어, 소프트웨어로 분류할 수 있다. 하드웨어는 2020년 2,330만 달러에서 연평균 성장률 15.1%로 증가하여, 2025년에는 4,700만 달러에 이를 것으로 전망되며, 소프트웨어는 2020년 9,240만 달러에서 연평균 성장률 18.9%로 증가하여, 2025년에는 2억 1,990만 달러에 이를 것으로 전망된다.

---

59) 자동차 사이버 보안 시장, 글로벌 시장동향보고서, 연구개발특구진흥재단, 2021.10

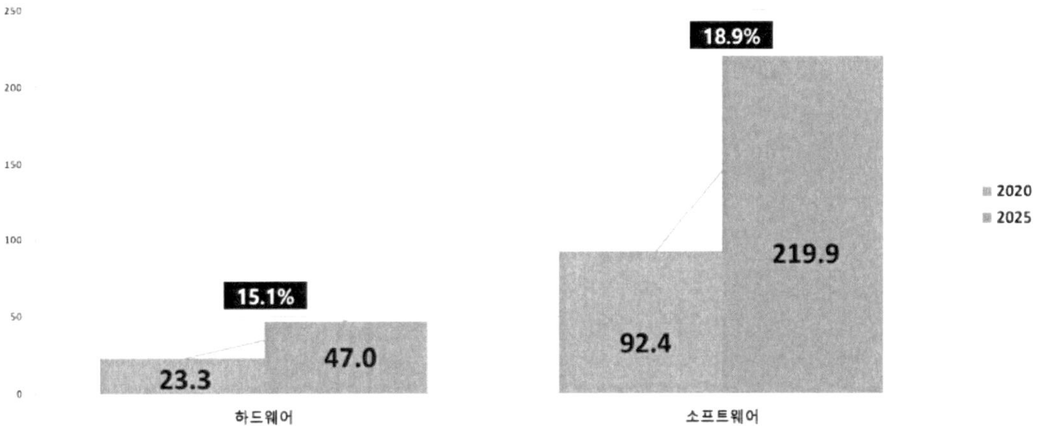

[그림 68] 우리나라 자동차 사이버 보안 시장의 제공제품별 시장 규모 및 전망
(단위: 백만 달러)

V. 정책동향

V. 정책 동향60)

1. 국외 현황

1) 미국

미국은 2012년부터 연방정부 및 주 정부 차원에서 자율주행차를 합법화를위한 법·제도적 기반을 마련했다. 이후 미국은 2016년 향후 10년간 교통인프라, 커넥티드차량 테스트 지원 등에 약 40억 달러 투자를 발표했으며, 미시간 대학 내 M-city를 조성하고 운영했다. 주 정부는 매년 자율주행차 관련 법안 제정 및 개정에 적극적으로 참여하여 2017년까지 33개 주에서 관련 법안을 발표했다.

2018년 10월, 연방교통부는 'Automated Vechicle 3.0'를 발표하고, 안전 우선, 자율주행 생태계 조성, 파일럿 프로그램을 통한 대응 등 정책 수립의 원칙을 제시했다. 2020년 1월에는 38개 주 정부 부처 등이 참여한 'Automated Vehicle 4.0'에서 자율주행차 기술 진흥을 위한 첨단제조, 인공지능, STEM 교육 및 인력 배양과, 협업과제인 기초연구, 관련 인프라, 규제, 세제, 지적재산권, 환경 등 광범위한 분야에 대한 방향성을 제시했다.

구분	주요 내용
원칙	• 사용자와 커뮤니티 보호 : 안전 우선, 보안 강조, 프라이버시 및 데이터 보안 확보, 이동성과 이동접근성 개선 • 효율적 시장 조성 : 기술 중립성 유지, 미국의 혁신과 창조성 보호, 규제 현실화 • 협업 촉진 : 정책 일관성 향상, 범연방적 접근, 교통시스템 향상
자율주행차 기술 발전 및 리더쉽 정책적 지원	• 첨단제조기술, 인공지능 및 기계학습 • Connected 차량 : V2X(Vehicle to Everything) 차량통신 기술 등 • Supply Chain Integration : ICT 제품·서비스에 대한 외국인 또는 법인의 인수·이전·사용 등을 제한 • 양자정보과학 : 센싱, 최적화, 보안 등에 양자기술 적용
자율주행 관련 정부투자 분야	• 안전성, 모든 미국민의 이동성 확보 • 기초연구 • 보안 및 사이버보안 • 인프라스트럭처 • Connectivity • 경제 및 노동력 연구

[표 18] 미 연방교통부 'Automated Vehicle 4.0' 주요 내용

---

60) 유망시장 Issue Report -자율주행차, 연구개발특구진흥재단, 2021.07

2) 유럽

유럽은 ETSC(유럽교통안전위원회), ERTRAC(유럽도로교통연구자문위원회) 중심으로 표준화 추진하고 있으며 ERTRAC는 공동의 로드맵(Automated Driving Roadmap)을 마련했다. 유럽은 미국 등과의 기술격차를 좁히고 2020년까지 Level 3 ~ 4 수준을 달성하기 위하여 현재는 법제 정비와 테스트 인프라 구축에 집중하고 있다. GEAR 2030에서는 자율주행차 전환에 따른 노동시장 및 Value Chain 변화에 대한 대처 방안 등을 제시했으며, 2018년 5월 제3차 'Europe on the move'에서 2020년까지 고속도로 자율주행화, 2030년까지 완전자율주행화를 로드맵으로 제시했다.

i) 영국

영국은 자율주행차의 성공적인 개발 및 정착을 위해, 법·제도를 제정하고 자율주행차 연구기관을 설립했다. AEV Act(Automated and Electric Vehicles Act)는 자율주행차 사고 관련 법적 책임, 전기차량 충전인프라 등에 대한 제도적 기반을 마련했다. 또한, 자율주행차에 대한 개발 및 시험 분야의 선도적인 지위 유지를 위해교통부 및 경제, 에너지, 산업 전략부의 합작으로 커넥티드카 및 자율주행차 센터를 설립했다.

ii) 독일

독일은 도로교통법 8차 개정을 통해 자율운행 시 운전자의 행동양태 및 책임에 중점을 둔 자율운행 관련 법규를 추가하고 자율주행 관련 윤리 지침을 제정했다. 개정된 도로교통법에서는 자동운전 기능 관련 법적 규제 설정, 자동운전 기능 구현의 기본 틀을 제시하여 자동운전 승인을 위한 규제 기반을 마련했다.

독일 자율주행윤리지침에서는 개인에 대한 보호를 다른 모든 실용적 고려 사항들보다 우선하고, 자율주행시스템의 운행 면허는 사람의 운전과 비교해 위험이 낮다고 확인되지 않은 이상 정당화될 수 없음을 명시했다.

iii) 네덜란드

네덜란드의 인프라 수자원 관리부는 자율주행차량의 시범 운행에 관한 법안 개정을 진행했다. 네덜란드 인프라 수자원 관리부는 2017년 자율주행 차량의 시범 운행에 관한 법안을 발표하고, 네덜란드 내에서 원활하게 자율주행 시범 운영할 수 있도록 지원한다. 네덜란드에서는 운전자들이 자율주행차량 안에 탑승해 있다는 조건 하에서 시범 운행이 가능했지만, 2019년 해당 법안을 개정하여 사람이 원격 조정이 가능한 상태에서의 자율주행 시험을 할 수 있도록 허용한다.

3) 일본

일본은 레벨3 수준의 자율주행차 운행 허용을 위한 관련 법 개정안을 의결하고 2020년 이후 시행하고 있다. 일본의 경우 현행법상 일반도로에서 운전자를 운전 주체로 전제한 레벨2 이하 수준의 자율 주행자동차 운행 대응이 가능하다.

일본은 2019년 3월 일반도로에서 레벨3 수준의 자율주행차 주행 허용을 위해 '도로교통법 개정안' 및 '도로운송차량법 개정안'을 의결하고 운행과 관련한 안전의무 및 대책을 추가했다.

일본에서 Toyota(전반적 기술), Nissan(카메라기술기반의 자율주행), Denso(ADAS 연구) 등과 같은 주요 프로젝트는 기업 주도로 진행되고 있으며, 또한 노령화 문제를 해결하는 수단으로 무인자동운전 이동서비스, 트럭대열주행 시스템 실증실험을 수행 하고 있다.

일본에서는 2025년까지 한정지역에서 무인자동차 서비스를 확대 실행하고, 2022년 이후도쿄-오사카 구간에서 무인대열주행 사업화를 실현할 계획이다.

4) 중국

중국은 2016년 전동자동차 과학기술계획 5개년 계획에서 신에너지 차량, 인공지능 분야 기술개발을 추진 전략을 발표했다. 2018년 1월에는 국가발전개혁위원회는 자율주행차 3단계 발전전략을 제시, 2020년까지 관련 제도 수립, 주요지역 및 도로의 lte 기반 V2X 차량 통신 네트워크를 확보, 2025년 5G 기반 V2X 기술을 보급, 2030년 자율주행 선도국가로의 도약을 목표로 삼았다.

중국 지방 정부들은 자율주행차 테스트 허가에 적극적이며 이러한 지원을 바탕으로 바이두는 중국 내 23개 도시에서 테스트를 진행 중이다. 중국의 공업정보화부는 2017년 '자동차 산업 중장기 발전 규획(시행)'을 발표하고, 2020년까지 글로벌 10위권 기업을 양성하여 2025년까지 자율주행차 선진 대열에 진입을 목표로 하고 있다.

중국 정부는 2020년 제자동차DA(운전보조), PA(부분적인 자율주행), CA(조건 자율주행) 시스템의 신차 장착률이 50% 이상, 커넥티드 운전 보조시스템 장착률은 10% 수준으로 끌어올려 스마트 교통도시 구축 및 2025년에는 완전 자율주행차 시장에 진입을 목표로 한다.

2. 국내 현황[61]

정부는 2019년 10월 미래자동차 산업 발전전략에서 2027년까지 완전자율주행도로 세계 최초 상용화를 목표로 자율주행 시장을 선점할 계획이다. 정부는 2020년 1월 세계 최초로 Level 3 기준을 마련, 2024년까지 제도, 통신, 정밀 지도, 교통관제, 도로 등 주요 인프라를 완비할 계획을 가지고 적극적으로 지원하고 있다.

정책명	주요 내용
미래차산업 발전전략·자율주행 상용화를 위한 스마트 교통시스템 구축방안 (2018년 2월)	• 완전자율주행 상용화 2030년 제시 • 2022년까지 친환경차 및 자율주행차에 대한 큰 틀의 정책방향 제시 • 전기차 충전소 2022년 1만기 구축 • 고속도로 인프라 구축 추진
자율주행 규제혁파 로드맵 (2018년 11월)	• 부분자율주행(레벨3) → 완전자율주행(레벨4)로 단계적 추진 • 분야별 제도 개선 필요성과 이에 대한 권고사항 제시
자동차 부품대책 (2018년 12월)	• 부품기업에 3.5조 원 유동성 지원 • 부품기업 대형화 방향 제시, 기술력 제고, (미래차 전환) 등 지원책 마련 • 2022년 친환경차 보급 목표 제고 : 전기차 43만 대, 수소차 6.5만대
미래차 산업 신속전환을 위한 3대 전략 (2019년 10월)	• 2024년까지 완전자율주행을 위한 제도도입 • 핵심부품(시스템·부품·통신) 투자, 2027년 자율차 기술강국 도약 • 민간주도 3대 서비스, 공공수요 기반 9대 서비스 확산 (민간) 자율셔틀, 자율택시, 화물차 군집주행 (공공) 자율주행 무인순찰 등 • 미래차 핵심소재.부품 자립도를 50% → 80%로 제고 • 2024년까지 자율주행차 상용화로 교통사고 사망자 74% 감소, 평균 통행시간 30%, 온실가스 30% 감축 목표
세계 최초 부분 자율주행차 (레벨3) 안전기준 제정 (2020년 1월)	• 부분 자율주행차(레벨3) 안전기준을 세계 최초로 도입

[표 19] 자율주행 관련 주요 정부 정책

61) 유망시장 Issue Report -자율주행차, 연구개발특구진흥재단, 2021.07

국내 자율주행 산업 관련하여 도로교통법, 자동차관리법, 손해배상보장법 등의 전면적 규제
가 있으며, 자율주행차의 법적지위.사고책임 등 관련 규정을 마련하고 있다.

구분	한국	글로벌 선도국가
규제 방식	규제 방식 조건부 허용 (포지티브 규제)	가이드라인 제시 (네거티브 규제)
규제 현황	도로교통법, 자동차관리법, 손해배상보장법 등, 전면적 규제	산업 육성을 위한 느슨한 규제 적용
규제 관련 인식	인명 피해를 우려한 부정적 인식 만연	신기술 우선 수용 및 사후 제도 개선 인식
자율주행 허가 도시	1개	미국 기준 117개

[표 20] 한국과 글로벌 자율주행 산업의 규제 현황 비교

정부는 2022년 시내 도로 운행이 가능한 완전자율주행차(레벨4) 시범운행을 예정했다. 정부
는 2024년 완전자율기능 차량 상용화를 추진하고 있다.(안전확보 구간 운행, 기술발전 수준에
따라 순차적으로 일반 차량 출시 추진) 국내개발 기반이 부족한 차량용 반도체는 대형 기술개
발 지원 등을 통해 시스템반도체 생태계 육성을 추진하고 있으며, 차량의 자율주행 기능을 지
원하기 위해 반드시 필요한 통신시설, 정밀지도, 관제시설, 도로 건물 등을 2024년까지 주요
도로에 완비할 예정이다.

정부는‘연구.개발용 차량의 도로주행을 위한 임시운행허가 제도를 개선하고, 자율주행차 발전
단계별로 규제를 정비할 예정이다.(2019~2024)

기술개발 단계	상용화 단계	서비스 단계	기타 필요 규제
임시운행 허가 요건 개정	안전기준 마련, 보험제도 마련	개인 · 위치정보 수집 허용	차량 데이터 보안

[표 21] 단계별 자율주행차 제도 정비

정부는 자율주행차 정의·핵심기능(인지 판단 제어) 우선 법규화, 완전자율주행차 법적지위.사
고책임 등 관련 규정을 마련했다. 또한, 영상표시장치의 조작·시청 허용 등 운전자 의무사항을
개정하기 위한 준비 중이다.

정부는 자율주행차 운전자 교육, 자율주행차 운전능력 검증 등을 포함한 자율주행차 성능검
증체계를 마련했으며, 현재 면허체계를 유지하면서 자율주행 검증절차를 마련했다. 또한, 국제
논의를 반영하여 면허 시험에 준하는 검증절차를 신설하기 위해 노력하고 있다.

국내는 2027년 전국 주요도로 완전자율주행(레벨4) 세계 최초 상용화를 위하여 법·제도, 인

프라(주요도로)를 세계에서 가장 먼저 완비할 예정이다. 이를 위해 완성차 업체는 차량개발 출시를 최대한 가속화하고, 정부는 차량 출시와 연동하여 부품 국산화 등 산업생태계를 지원한다.

 정부는 전국 주요 자율주행차 테스트베드를 구축하고, 국내 개발된 자율주행차R&D 결과물을 국제표준으로 제안하여 우리기술의 세계시장 개척을 지원한다. 이를 위해 대구에 관제 시스템, WAVE 통신 시설물(실도로 12km)을 구축했고, 세종에 관제 시스템, 자율주행 셔틀 차고지 건립을 추진했다. 또한, 군산에 상용차 군집주행 시험도로 (10km)를 구축했으며, 서울.제주.광주.울산에 WAVE 시설물을 구축하여, 실도로 중심 테스트를 진행할 수 있도록 하였다.

 최근 정부는 자율주행차 규제혁신 로드맵 2.0을 발표했다. 자율주행차 규제혁신 로드맵 2.0을 통해 정부는 미래 시나리오를 바탕으로 2030년까지 단기·중기·장기로 나눠, 차량·기반 조성·서비스 3개 분야에 대해 20개 신규 과제를 포함해 총 40개의 규제 혁신 과제를 마련했다.

① 단기(2022~2023년) 주요 과제
 단기 주요과제는 자율차 기술개발 지원 및 자율주행 인프라 확충, 다양한 규제특례 부여 등 자율주행 서비스 실증·고도화 지원이다. 우선 자율주행 SW 무선 업데이트(OTA)를 허용한다. 자동차 정비는 원칙적으로 정비업체에서 실시해야 하나 임시 실증특례로 전자제어장치 등에 대한 무선 업데이트(OTA)를 일부 허용해 정비업체 방문 없이 OTA를 통한 전자·제어장치 등에 대한 업데이트 또는 정비가 가능하도록 개선한다.

 또한, 자율주행 영상데이터 활용 촉진을 위한 가명처리 기준 마련한다. 개인정보를 가명처리하는 경우 정보주체 동의 없이도 연구 등에 활용 가능하나, 자율차 영상 분야에 대한 세부기준이 부족해 실제 처리·활용에 애로가 있었다. 이에 따라 영상데이터의 수집 절차 및 가명처리 등 안전한 보호 조치에 대한 가이드라인 마련한다.

 또 자율협력주행시스템 보안 강화를 위한 인증관리체계 마련한다. 차세대지능형교통체계(C-ITS)를 통한 차량과 차량, 차량과 도로 간 통신 시 해킹·개인정보 유출 등의 우려 상존하고 있다. 이에 따라 '자율차법' 개정(2021.7.27)에 따라 인증서를 발급받은 차량, 인프라만이 통신할 수 있는 인증관리체계에 대한 세부기준 마련·운영한다.

 더불어 자율주행 모빌리티 서비스 실증특례를 확대한다. 자율주행 모빌리티를 활용한 여객·화물 수송 등 다양한 서비스 사업화를 위한 실증특례 수요가 많으나, 이에 특화된 규제 샌드박스 부재했다. 이에 따라 '모빌리티활성화법' 제정을 통해 모빌리티 분야에 특화된 규제 샌드박스를 신설해, 다양한 신규 비즈니스 실증·사업화 지원을 강화한다.

② 중기(2024~2026년) 주요 과제
중기 주요 과제는 Lv.4 자율차(2027~) 및 Lv.3 상용 차량 출시에 필요한 안전기준 마련, Lv.4 자율차 운행을 위한 보험·교통법규 위반 등에 대한 기준 마련이다.

우선 Lv.4 자율차 및 Lv.3 상용차(버스, 트럭) 안전기준을 마련한다. Lv.3 승용차는 제작기준인 안전기준이 마련돼 출시가 가능하나, Lv.4 자율차 및 Lv.3 상용차에 대한 안전기준은 부재했다. 이에 따라 Lv.4 시스템(결함 시 대응 등), 주행(좌석배치별 충돌안전성 등), 운전자(윤리 등)에 대한 규정 마련 및 승합 및 화물차용 Lv.3 안전기준을 마련한다.

또 자율주행차 사이버 보안체계를 마련한다. 자율차 및 자율주행시스템을 대상으로 하는 해킹 등 사이버 위협에 대한 보호 및 보안 대책이 부재했다. 이에 따라 차량 개발 단계부터 폐기까지 차량 자체의 보안안전성 및 제작사별 관리역량을 확보할 수 있도록 관리체계를 마련한다.

또 교통법규 위반에 대한 행정제재 체계를 정립한다. 교통법규 위반 시 운전자의 운전면허에 대한 행정적 제재가 가해지나, 자율주행 중 발생한 위반에 대해서는 부과 대상이 불명확하다. 이에 따라 자율주행차가 교통법규 위반 시 운전자 또는 제조사 등에 대한 행정책임 원칙에 대해 사회적 합의를 거쳐 행정제재 체계를 정립한다.

또 운전자 개념 개정 및 의무사항 규제를 완화한다. Lv.3 자율차는 비상시에 운전자(사람)가 운전해야 하므로 현행 도로교통법상의 운전자 개념(사람)이 문제 되지 않으나, 사람의 개입이 필요 없는 Lv.4 자율차의 경우 운전자의 개념 및 의무사항에 대해 개정이 필요하다. 이에 따라 사람 대신 기계(시스템)가 주행하는 상황에 따라 운전자 개념 재정립 및 운전자 의무사항 완화 등 체계를 개선한다.

또 Lv.4 자율차 보험 규정을 정비한다. Lv.3 자율차에 대한 보험 제도(책임 원칙)는 규정돼 있으나, 운전자 개입이 없는 Lv.4 자율주행에 대해서는 추가 제도 정비가 필요하다. 이에 따라 운전자 개입이 없는 Lv.4 자율주행 상황의 사고에 대한 제조사 등의 책임 원칙을 명확화 하는 등 Lv.4 자율주행 보험체계를 마련한다.

더불어 신모빌리티 대응을 위한 자율주행 차종 분류 규제를 완화한다. 기존의 차량 형태가 아닌 개발되고 있는 다양한 종류의 자율주행 모빌리티[소형 무인배송차, PBV(목적 기반 차량, 여객, 화물 병용)]는 자동차관리법상 차종분류체계에 적합하지 않아, 양산 및 상용화가 불가능 하다. 이에 따라 신모빌리티 등에 대한 차종 분류 체계 마련을 추진한다.

③ 장기(2027~2030년) 주요 과제
장기 주요 과제는 Lv.4 자율차 확산 및 자율주행 서비스의 대중화를 위한 제도 기반 구축이다.

우선 Lv.4 자율주행차 검사·정비 제도를 마련한다. 현재 기술개발 중인 임시운행허가차량에 대해서만 주요 장치 및 기능변경사항·운행기록 등에 대해 관리하고 있으며, 향후 상용화되는 자율차에 대한 체계적인 검사·정비체계 부재했다. 이에 따라 자율차의 H/W, S/W에 대한 정기적인 검사 항목, 절차 등 검사 체계가 마련된다.

또 자율주행용 간소면허가 신설된다. 현재 운전자(사람)가 차량을 직접 운전하는 경우에 적합
한 운전면허 제도를 시행하고 있으나 완전 자율주행 기능이 적용된 차종을 운전할 수 있는 간
소면허 또는 조건부면허를 신설한다.

더불어 신서비스 도입을 위한 여객운송사업 분류체계 규제를 완화한다. 여객운송사업은 시
내·시외버스, 전세버스, 택시 등 특정 유형으로 분류돼 자율주행차를 활용한 새로운 형태의 모
빌리티 서비스를 포괄하기 곤란하다. 이에 따라 자율주행차를 활용해 구현이 가능한 다양한
모빌리티 서비스를 포함할 수 있도록 여객운송사업의 분류체계 및 운영 관련 규정을 개선한
다.62)

62) 자율주행차 규제혁신 로드맵 2.0, 어떤 내용 담겼나, 보안뉴스, 2021.12.24

VI. 기업분석

VI. 기업 분석

1. 국내기업

1) 현대자동차

[그림 69] 현대자동차

현대자동차는 2022년 자율주행 레벨 3 기술을 처음으로 적용한 양산차를 하반기에 출시할 예정이다. 레벨 3는 주행 중에 운전자가 운전대에서 손을 떼도 차량이 스스로 앞 차와의 거리, 차로를 유지하는 단계다. 현대자동차가 선보일 레벨 3는 한 발 더 나간 '조건부 자동화' 단계다. 차량이 알아서 앞 차와의 거리, 차로를 유지하는 기술이다. 충돌 위험이 발생한 경우에만 차량 요청에 따라 운전자가 운전대를 잡으면 된다. 현대자동차는 이 기술을 '고속도로 자율주행(HDP)'으로 명명했다.

현대자동차는 레벨 3 적용을 위해 차량에 라이다(LiDAR)를 적용하기로 했다. '자율주행의 눈'으로 불리는 라이다는 레이저로 물체의 형태와 거리를 측정한다. 전파를 활용하는 레이더보다 정확성이 높지만 가격이 비싸다.

[그림 70] 로보라이드

현대자동차는 2022년 상반기 비상시에도 운전자 개입이 필요 없는 레벨 4 자율주행 시범 서비스를 시작했다. 자율주행 시범 서비스는 서울 도심 내 자율주행차 시범운행지구에서 무인택시 '로보라이드'를 통해서 진행된다.[63] 현대자동차는 로보라이드 시범 서비스를 위해 국토교통부로부터 자율주행자동차 임시운행 허가를 받았다. 초기 서비스는 현대자동차 내부 기준을 통해 선발된 인원들로 진행하고, 대중을 대상으로 한 서비스는 이후에 진행된다.

---

63) "두손은 거들 뿐"…현대차, 올해 자율주행 레벨3 신차로 승부, 한국경제, 2022.01.10

로보라이드 시범 서비스가 이뤄지는 강남 지역은 서울에서도 가장 혼잡한 곳으로 꼽히는 왕복 14차로 영동대로, 왕복 10차로 테헤란로·강남대로를 포함하고 있다. 버스·트럭·승용차· 이륜차 등 다양한 교통수단이 혼재돼 실증 시 많은 주의를 요한다.64)

현대자동차는 자율주행 기술을 선도하기 위해 현대차·기아 남양기술연구소에 '자율주행 실 증 테스트베드'를 구축한다. 현대자동차는 연구원들이 직접 다양한 자율주행 기술을 실증하 고 관련 소프트웨어와 시스템을 개발해 향후 개발에 신속히 반영할 수 있도록 자율주행 관 련 인프라를 연구소 내부에 조성할 계획이라고 밝혔다.

자율주행 테스트베드 구축 사업은 현대자동차가 연구 개발중인 자율주행 및 자율주차 기술 을 기반으로 한 연구소 내 수요응답형 로보셔틀 운영, 자율주행 차량 관제 시스템 개발, 원 격 자율주차 기술 개발을 위한 자율주차타워 건설 등 세가지로 나뉜다. 현대자동차는 연구 소 내부에 테스트베드를 구축해 미래기술 개발과 실증을 동시에 추진하고, 이를 통해 축적 한 다양한 경험을 바탕으로 자율주행 시대로의 진입을 위한 본격 준비에 나설 예정이다.65)

[그림 71] 로보셔틀

64) 현대차·기아, 서울 강남 일대에서 4단계 자율주행 실증, ZDNet, 2022.06.09
65) 현대자동차, 자율주행 기술 선도 위해 남양연구소에 '자율주행 테스트베드' 구축, 현대자동차그룹 홈페이지, 2021.10.12

2) 세코닉스

[그림 72] 세코닉스

　　세코닉스는 1988년 설립되어 2001년 코스닥 시장에 상장한 광학렌즈 회사이다. 세코닉스는 국내 최초로 플라스틱 사출 방식으로 모바일 렌즈를 생산한 이력을 가지고 있으며, 과거 모바일 렌즈 중심의 사업을 영위하였으나, 자동차 전장 관련 기술개발을 통해 체질을 개선하고 있다.

　　세코닉스는 2009년 현대모비스 승인을 받아 납품을 시작하였으며, 카메라 렌즈는 엠씨넥스를 통해 공급하고 있고, 카메라 모듈의 경우 현대모비스에 직납하고 있다. 한편, 세코닉스는 인공지능과 자율주행 소프트웨어 등의 분야를 선도하고 있는 엔비디아와 자율주행 카메라를 개발하고 있다고 밝혀 화제가 되기도 하였다.

　　세코닉스는 2007년부터 차량용 카메라를 개발하기 시작하였으며, 메가(Mega)급디지털카메라, 조향 연동 카메라, LDWS(Lane Departure Warning Systems), LKAS(Lane Keeping Assist System), FCW(Forward Collision Warning), 이더넷 카메라, HBA(High Beam Assist), DSM(Driver Status Monitoring), 사이드 미러리스 등 ADAS 관련 기술을 보유하고 있다.

　　또한, 운전자 전방 주시 집중도 향상을 위한 GUI(Graphical User Interface) 디자인 개발을 통해 IVN(In-Vehicle Networking) 정보, 내비게이션 정보, ADAS 정보를 통합 표시하는 증강현실 기반의 차량용 HUD(Head Up Display) 기술을 개발하였으며, 현대모비스, DENSO 등과 추가 개발을 진행하고 있다.

　　세코닉스는 회사 매출 40%를 차지하는 스마트폰 카메라 렌즈 사업보다 자동차 카메라 모듈 비중을 점차 늘릴 계획이다. 회사는 향후 차량용 카메라 모듈 시장에서 '뷰잉'(viewing) 외에 '센싱'(sensing) 분야 비중이 커지는 변화에 대응할 방침이다. 세코닉스는 2020년 12월 28일 산업통상자원부에서 자율주행차 렌즈 중심 사업재편계획을 승인받았다. 기업활력촉진법에 따라 세제 감면이나 절차 간소화 등 정부 지원을 받을 수 있다.[66]

---

66) 국내 스마트폰 카메라 렌즈 업체 시름, thelec, 2021.01.05

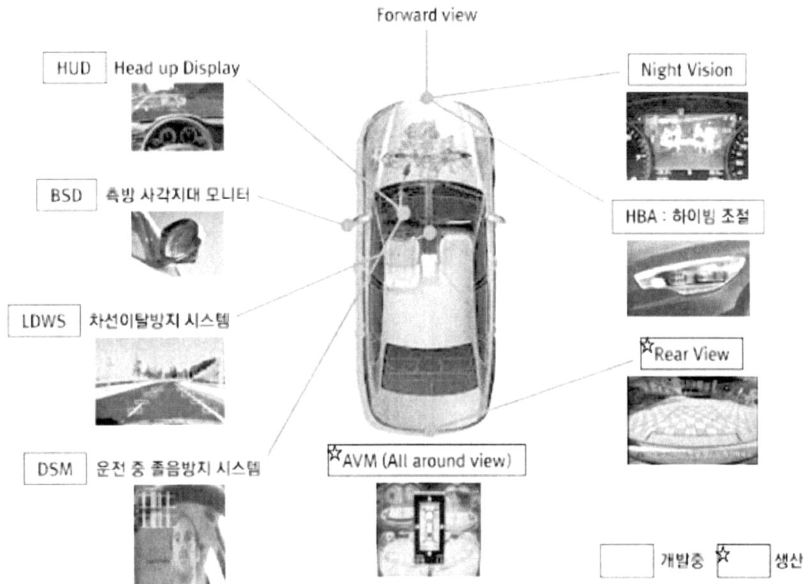

[그림 73] 세코닉스의 자동차용 카메라

　2021년 세코닉스는 슈퍼카 브랜드 부가티와 합작사를 세운 유럽 전기차 업체 리막과 최근 카메라 렌즈 공급 협상을 마무리했다. 세코닉스의 렌즈가 부가티 전기차의 눈 역할을 하는 것으로, 렌즈 공급은 2022년에 시작될 전망이다. [67]

　2022년 세코닉스는 미국 전기차 스타트업 카누에 납품할 카메라 모듈을 생산한다. 카누는 미국 전기차 시장에서 주목받는 스타트업이다. 카누는 올 하반기 전기차 신제품을 출시할 예정이다. 세코닉스는 카누에 카메라 모듈을 납품하면서 고객사를 늘렸다.[68]

[그림 74] 미국전기차 카누

---

67) 세코닉스 렌즈, 부가티 전기차 눈 된다, 한국경제, 2021.11.21
68) 세코닉스, 미국 전기차 카누에 카메라 모듈 공급, theelec, 2022.06.28

3) 텔레칩스

Telechips

[그림 75] 텔레칩스

텔레칩스는 지능형 차량과 스마트 홈 솔루션을 위한 반도체 개발 및 설계 등을 목적으로 1999년 10월에 설립되었다. 텔레칩스의 매출 86% 이상이 인텔리전트 오토모티브 솔루션 AP 제품을 통해 시현 중이며, 기타 매출로는 스마트 홈 솔루션에 적용되는 모바일 TV 수신칩, 용역, 솔루션 제공 등이 있다. 텔레칩스는 22여 년간 지능형 차량 반도체 설계 기술을 축적하고 국산화 제품을 개발한 국내 기술 선도기업으로, 오디오, 동영상, 카메라 등 기본적인 멀티미디어 기능은 물론 각 융합 제품에서 요구되는 높은 수준의 보안 레벨과 에너지를 적게 소모하는 안정적인 제품 포트폴리오 모델을 구축하고 있다.

텔레칩스는 현대자동차 등 완성차 업체를 주요 고객사로 사업을 영위하고 있으며, 차량용 인포테인먼트 시장에서의 카오디오, AVN 응용 제품 라인업 추가와 일본, 중국 등 해외 고객 확대 전략을 통해 매출 증대 전략을 세우고 있다. 반도체 전문생산회사(파운드리)에서 전량 외주생산을 통해 제품을 공급받고 있으며, 규모가 큰 고객사의 경우에는 제품을 직접 공급하는 직접 판매방식을 중심으로 하고 있고 중소기업 등 매출규모가 작은 고객사의 경우에는 대리점을 통한 간접 판매방식을 취하고 있다.

텔레칩스는 운전자 지원 시스템 기술, 인공신경망 기반 화질 개선 기술, 인공신경망 기반 객체 인식 기술 등 연구개발을 통해 미래 인포테인먼트 시스템의 핵심 경쟁력을 확보하고 차별화된 가치 제안을 통해 적용시장을 확대하고 있다. 차량용 인포테인먼트 분야는 Cluster, HUD, AVN, SVM(Surround View Monitoring)등을 하나의 칩에서 제공하는 콕핏 시스템으로 발전해 갈 것으로 예상되는 가운데 텔레칩스는 콕핏 시스템용 AP인 Dolphin 3, Dolphin + 를 선보였고, 이 시스템은 칩셋 두 개로 구성되어 각각 인포테인먼트와 디지털 Cluster를 지원한다.

텔레칩스는 2021년 르노(Renault) 계열사 소속 러시아 최대 자동차 OEM인 아브토바즈(Avtovaz)의 새로운 멀티미디어 시스템에 텔레칩스의 차량용 SoC인 Dolphin + 칩을 적용하였다. 칩이 적용된 시스템은 애플 Carplay, 안드로이드 Auto 등의 서비스를 지원하는 최신 스마트폰이 차량에 통합된 것과 동일한 기능을 제공한다. 또한, 운전자가 음성인식 시스템을 사용하여 운전에 방해받지 않고 음악을 켜거나 경로를 계획하고, 날씨를 검색하는 기능을 동작할 수 있도록 도와주며, 온라인 계정과 동기화가 가능하여 운전자가 스마트폰으로 경로를 설정하고 동 시스템으로 전송할 수 있다.[69]

---

69) 텔레칩스(054450), 한국 IR협의회, 2022.02.17

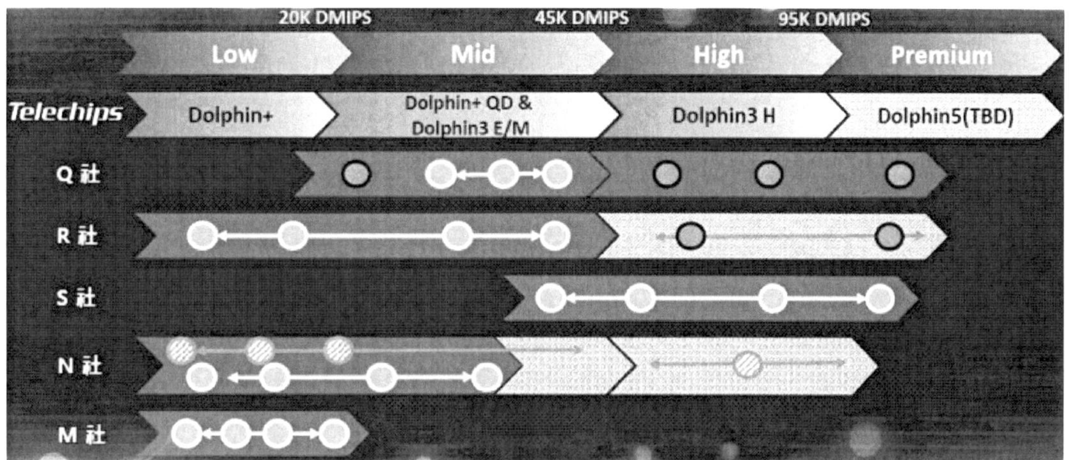

[그림 76] 텔레칩스 개발 제품 및 사업영역 확장 계획

　최근 텔레칩스는 신규 사업 영역으로 운전자보조시스템(ADAS) 등 자율주행차용 반도체 시장 진출을 목표로 하고 있다. 이와 관련 고성능 AI 프로세서인 NPU(Neural Processing Unit) 기술을 통합해 차량용 반도체 제품 등에 적용하는 R&D를 진행하고 있다. NPU를 탑재한 비전 프로세서(Vision Processor) 시제품 '엔돌핀(N-Dolphin) 칩'을 개발 중이다.[70]

---

70) '종합 반도체 기업' 겨냥 텔레칩스, 차세대 라인업 확장, 더벨, 2022.05.02

4) 모바일 어플라이언스

[그림 77] 모바일 어플라이언스

　모바일 어플라이언스는 2004년 4월 설립되어 영상기록장치(블랙박스), 내비게이션, 지능형 HUD, ADAS 등을 개발 및 공급하는 업체로 2017년 2월 코스닥 시장에 상장되었다. 모바일 어플라이언스는 내비게이션 공급을 중심으로 사업을 시작하였으나, 이후 영상기록장치, HUD, ADAS 등의 제품으로 사업을 확장하고 있다. 모바일 어플라이언스는 BMW에 2014년 차량용 영상기록장치 공급을 시작으로, 2015년 2월 지능형 HUD를 공급하는 한편, 2016년 6월 글로벌 1위 업체인 모빌아이와 경쟁 끝에 ADAS 제품을 납품하기 시작하였다.

　모바일 어플라이언스의 주력 제품은 영상기록장치로 2017년 10월 레이더 영상기록장치인 R-EDR(Radar Event Data Recorder) 관련 독일 벤츠의 단일 공급자로 선정된 후 2018년 12월부터 공급을 시작하였다. R-EDR은 자율주행 센서부품인 레이더를 탑재해 기존 녹화장치 방식에서 발생할 수 있는 방전 문제를 원천 해결했다. 일반적으로 차량 영상녹화장치는 차량 시동이 꺼진 후에도 작동해 배터리가 방전되는 경우가 많으나, R-EDR은 물체가 차량 가까이 접근하면 전후방 레이더가 감지해 2초 만에 영상녹화장치를 작동, 녹화를 시작한다. 녹화가 끝나면 블랙박스 전원은 다시 꺼져 배터리 소모를 최소화할 수 있다. 눈, 비 및 바람에 의한 나무 흔들림 등은 감지하지 않고 움직이는 사람과 차량 거리와 이동속도를 감지해 선택 녹화하는 인공지능 인식 알고리즘을 탑재했다.[71]

　모바일어플라이언스는 2년 동안의 개발과정을 완료하고 영국 제규어랜드로버 본사로부터의 품질검증을 통과, 2021년 첫 영상기록장치 제품을 선적했다. 모바일어플라인언스가 선적한 영상기록장치는 차량의 각 기능과 RF 간섭이 없음은 물론, 안정성과 최고의 영상 품질을 갖추고 있다. 모바일어플라이언스는 인공지능 기반의 공간정보 및 자율주행 유망 개발업체인 모빌테크사에 지분을 투자하고 관련 기술을 공동개발하고 있다. 최근 전기차 공조전력 공급 솔루션 업체에 투자하는 등 자율주행과 전기차 관련 솔루션 확보에 나섰다.[72]

---

71) 모바일어플라이언스, 자율주행 기술 개발 투자, 매일경제, 2020.09.07
72) 모바일어플라이언스, 영국 재규어랜드로버에 영상기록장치 제품 출하, 전자신문, 2021.12.12

5) 네이버

[그림 78] NAVER

1997년 삼성SDS의 사내 벤처 '웹글라이더'에서 시작된 네이버는 2000년 자회사인 한게임과 합병하며 현재 네이버의 초석을 마련하였다. '네이버'는 '항해하다'라는 뜻의 Navigate와 '-하는사람'이라는 접미사 -er이 만나 탄생하였으며 정보의 바다인 인터넷을 항해하는 사람이라는 의미를 가지고 있다.

수년 전부터 인공지능(AI)이나 데이터 분석과 같은 기술들이 임계점을 넘어 실생활에 들어오면서 네이버도 차세대 기술 확보 및 개발에 주력하고 있다. 네이버의 선행 기술 연구 조직인 네이버랩스는 최근 기술 목표로 '에이시티(A-CITY)'를 선보였다.

에이시티는 다양한 형태의 머신들이 도심 각 공간을 스스로 이동하며 새로운 방식의 '연결'을 만들고, AI와 로봇이 공간데이터를 수집·분석·예측해 최종적으로 다양한 인프라들이 자동화된 도심 환경이다. 이를 구현하기 위해 네이버는 도심 속 실내와 도로, 인도 등 모든 공간을 고정밀 지도 데이터로 통합할 계획이다. 또 이를 바탕으로 장소·환경·목적에 따라 다양한 변용이 가능한 지능형 자율주행머신을 구축하고 사용자들에게 네이버와 연계된 정보 및 서비스를 제공할 예정이다.[73]

2021년 네이버랩스는 복잡한 도심 속 다양한 환경 변화에도 안정적이고 끊김 없는 자율주행을 가능하게 하는 기술을 선보였다. 핵심은 인지·측위·플래닝·컨트롤 등 도심 환경에서의 자율주행에 필수적인 기술들을 모두 통합해 자체 개발한 자율주행 소프트웨어 ALTRIV(알트라이브)다.

네이버랩스는 이번에 공개한 ALTRIV 실증 테스트 영상을 통해 실제 도심에서 일상적으로 마주하게 되는 다양한 주행 환경에 안정적이고, 또 종합적으로 대응할 수 있을 정도로 고도화된 기술력을 드러냈다. 영상 속 ALTRIV를 탑재한 차량은 끊김없는 측위(localization) 기술을 바탕으로 실외에서부터 GPS가 통하지 않는 지하주차장까지 원활하게 이동하고, 지하주차장 내 층간 이동을 위한 협소한 램프 구간에서도 정밀하면서 부드럽게 제어되는 모습을 보여줬다. 또, ALTRIV가 주/야간 및 실내/외 이동 시에도 안정적으로 주변 환경을 인식하는 장면도 확인할 수 있었다.[74]

---

73) ["위기 넘어라" 기업이 된다] 네이버, AI·자율주행 개발 가속도...자동화된 도심 '에이시티' 꿈꾼다, 서울경제, 2019.08.02
74) 네이버랩스, 일반도로 넘어 지하주차장까지 막힘 없는 자율주행 선봬, 로봇신문, 2021.12.24

최근 네이버클라우드가 네이버랩스는 자율주행 시뮬레이션 업체 모라이(MORAI)와 MOU를 맺었다. 3사는 이번 협력을 통해 자율주행 시장 확대 흐름에 맞춰 관련 공공 과제에 본격적으로 참여하고 민간 시장 공략에 박차를 가할 방침이다. 네이버클라우드는 2022년 GPU리소스에 네이버랩스의 정밀지도 제작 솔루션 '어라이크(ALIKE)'를 접목한 모라이 자율주행 시뮬레이션 서비스형 소프트웨어(SaaS) 솔루션을 유치해 자율주행 시장에서 네이버클라우드 인프라 활용 레퍼런스를 확보할 예정이다. 모라이는 자율주행 시뮬레이션 솔루션을 향후 비즈니스에 적극 활용할 예정이다.

2023년부터는 자율주행기술혁신사업 및 자율주행 테스트베드 확대 과제 중심으로 모라이의 공공시장 진출을 본격적으로 지원, 한국 표준 무인이동체 시뮬레이션 플랫폼으로 자리잡을 수 있도록 지속적인 협업을 이어갈 계획이다. 또 자율주행차 뿐아니라 로봇, 도심항공모빌리티(UAM), 드론 등 미래형 무인이동체 자율주행 개발 분야의 산학연 대상 민간 시장 확산 준비도 앞두고 있다.[75]

---

75) '팀 네이버' 네이버클라우드-네이버랩스, 모라이 MOU…자율주행 시뮬레이션 시장 주도, 더데일리포스트, 2022.06.15

2. 국외기업
1) Waymo

[그림 79] Waymo

웨이모(Waymo)는 가장 이른 2009년부터 자율주행차 프로젝트를 시작하였으며, 현재 가장 많은 자율주행차 테스트 플릿(Fleet)과 가장 긴 자율주행 운행 기록을 보유한 업체다. 자율주행 운행 기록은 학습을 통한 인공지능의 완성도를 향상에 사용되기 때문에 그 중요성이 매우 높다. 웨이모는 2015년 최초로 운전자와 조향장치 없이 공도에서 자율주행에 성공하였으며, 2017년 웨이모는 600대의 크라이슬러 퍼시피카 미니밴을 활용해 애리조나주 피닉스 지역 인근 주민들에게 자율주행차 호출 서비스를 무료로 제공해 주는 얼리 라이더(Early Rider) 프로그램을 운영한 바 있다.

웨이모 자율주행차는 단계적으로 서비스 지역을 확대해 왔다. 2020년 10월 애리조나주 피닉스에서 자율주행 택시 서비스를 시작했고, 2021년 8월에는 샌프란시스코, 11월에는 뉴욕 시내에서도 시범 서비스를 선보였다. 이번에는 복잡한 도로 환경과 많은 교통량으로 자율주행 난코스로 꼽히는 샌프란시스코에서 운전자가 동승하지 않는 형태의 완전 자율주행 서비스를 시작한 것이다.

웨이모는 미국에서 처음으로 자율주행 택시를 상용화한 '웨이모 원(Waymo One)'을 런칭하며 자율주행차 수익화 사업에 이정표를 세웠다. 웨이모의 완전 무인택시 '웨이모 원'은 애리조나주 피닉스에서 정식 운행되고 있으며 60회 이상 서비스를 이용한 리뷰에서는 "매우 신중한 주행으로 보행자가 많으면 움직이지 않을 정도로 안전성은 확실하다"는 의견 등이 올라왔다.[76]

웨이모는 샌프란시스코에서도 완전 무인 택시를 테스트했지만 직원 외에 프로그램(TrustedTester) 회원만 사용하거나 캘리포니아주 공익사업위원회는 인간 안전 운전자가 동승하고 있는 한 택시 승차 요금을 청구할 수 있다는 제한된 허가가 나오는 등 아직 완전한 운용에는 이르지 않았다. [77]

---

76) 구글 웨이모, 美샌프란시스코에서 자율주행차 운행 개시. 더데일리포스트, 2022.03.31

　최근 웨이모는 미국 화물 운송 대기업인 JB헌트와 물류 분야의 완전 자율주행차 도입을 위한 장기 파트너십을 체결했다. 양사는 2021년 텍사스주 댈러스에서 휴스턴을 잇는 주간 고속도로 제45호선에서 시범 운행을 실시했는데, 웨이모의 자율주행 시스템 '웨이모 드라이버'를 적용한 피터필터 트럭을 활용했다. 테스트 결과 충돌이나 과속 없이 화물 86만2179 파운드를 배송하는 성과를 냈다. 웨이모와 JB헌터는 같은 도로에서 시범 운행을 지속할 계획이다.[78]

　이외에도 웨이모는 UPS와 함께 텍사스에서 자율주행 트럭의 시험 운행을 시작했다. 클래스 9급 대형 트럭에 5세대 자율주행시스템을 탑재하여 달라스-포트워스, 휴스턴의 UPS 시설을 오고가는 '웨이모 비아(Waymo Via)' 시험 주행 서비스를 실시했다.[79]

---

77) 웨이모, 대도시에서 자율주행 택시 서비스 계획중, Tech Recipe, 2022.04.04
78) [여의옥] 구글 웨이모, 자율주행기술 트럭에도 적용…테스트 돌입, 더그루, 2022.01.18
79) 웨이모(Waymo), 자율주행 배송 시작한다, RGB STANCE, 2021.11.21

2) GM 크루즈

GM은 2016년 자율주행 소프트웨어 업체인 크루즈 오토메이션(Cruise Automation)을 10억 달러에 인수하였으며, 2017년에는 라이다(Lidar) 제조업체인 스트로브(Strobe)를 인수했다. 이를 통해 GM은 자율주행차 상용화의 필수 조건인 자율주행을 위한 인공지능 기술과 솔리드 스테이트 라이다(Solid State Lidar) 제조 기술을 자체적으로 확보했다.[80]

최근 AP통신에 따르면 GM 크루즈가 샌프란시스코의 덜 붐비는 지역에서 오전 10시부터 오후 6시까지 30대를 운행한다는 조건으로 무인 자율주행 택시 영업을 허가받았다. 샌프란시스코에서 자율주행 무인 택시가 영업 허가를 받은 것은 이번이 처음이다. 다만 캘리포니아 공공시설위원회는 폭우가 쏟아지거나 안개 낀 날에는 무인 택시를 운행할 수 없도록 했다. 자율주행 택시의 오작동으로 인한 시설 손상과 부상 또는 사망 사고를 최소화하기 위해서다.[81]

[그림 80] GM 크루즈 로보택시

GM 크루즈는 소형 전기차 쉐보레 볼트를 개조한 30여 대의 자율주행차를 사용해 북부 샌프란시스코시 일부 지역에서 일반 고객을 태운 로보택시 서비스를 시작할 예정이다.[82]

또한 GM은 최근 슈퍼 크루즈(Super Cruise)를 선보였다. 슈퍼 크루즈는 GM이 현재 상용화한 가장 최신의 주행보조 시스템이다. 미국자동차공학회(SAE)가 말하는 자율주행 레벨3에 가깝다고 볼 수 있다. 특정 구간에서 시스템이 주행을 담당하며, 도로 및 장애물 분석을 통해 스스로 회피하는 수준이다. 차량에 탑재된 전·후방 감지 센서와 차량 추적 알고리즘이 안전한 주행과 신속한 차선 변경을 가능하게 한다.

GM에 따르면 슈퍼 크루즈는 아직 일반 도로에서 활용이 불가능하다. 도로 정보가 확보된 일부 고속도로 구간에서만 작동한다. 슈퍼 크루즈 활용 가능 구간에 진입하면 차량이 운전자에게 알려준다. 디지털 클러스터(계기반)에 운전대 모양의 아이콘이 표시되는 방식이다.[83]

---

80) 마이크로소프트, GM 자율주행車'에 2조원대 투자, 조선비즈, 2021.01.20
81) GM 크루즈, 美 샌프란시스코 무인 택시 영업 허가 취득, 조선비즈, 2022.06.03
82) GM 크루즈, 미국 최초 완전 자율 주행 상업 라이센스 획득, 오토데일리, 2022.06.03
83) 운전대 놓고 카톡한다…GM 자율주행 현주소 '슈퍼 크루즈', 이코노미스트, 2022.08.08

　최근 GM 크루즈는 월마트와 함께 배송 시범 사업 확대를 계획하고 있다. GM크루즈는 현재
미국 애리조나주 스코츠데일 근처 월마트 매장에서 전기차 쉐비볼트로 자율 주행 배송 시범
사업을 하고 있다. 이번 시범 사업에선 안전 요원이 탑승한 상태에서 자율주행 배송 실험을
하고 있다.[84)]

[그림 81] 월마트 GM 크루즈 자율주행

84) 월마트, GM 크루즈와 자율주행 시범배송 확대, ZDNet, 2022.02.22

3) Aptiv

·APTIV·

[그림 82] Aptiv

앱티브(Aptive)의 전신은 미국의 델파이 오토모티브(Delphi Automotive)로, 2017년 12월 파워트레인/애프터마켓 사업부를 분사한 이후 앱티브로 사명을 변경했다. 앱티브는 2015년 샌프란시스코에서 뉴욕까지 3,400마일을 자율주행차로 횡단하는 데 성공해 티어1 부품사 중에서는 가장 앞선 자율주행 기술력을 보유한 것으로 평가되는 업체다.

앱티브는 2017년 10월 자율주행 소프트웨어 업체인 뉴토노미(NuTonomy)를 4억 5천만 달러에 인수하였으며, 2018년 5월부터 라스베이거스 스트립 지역에서 리프트와 함께 로보택시 서비스를 운영하고 있다. 앱티브 로보택시는 리프트 앱을 통해 누구나 쉽게 이용할 수 있으며, 카지노, 호텔, 식당, 유흥업소 등 시내 2,100여 곳에 운송 서비스를 제공하고 있다.

최근 앱티브는 소프트웨어 업체인 윈드 리버(Wind River)를 인수하기로 밝혔다. 이번 윈드 리버 인수로 무선 업데이트 기능과 스마트폰 기능 추가 등을 위해 대대적인 투자에 나서고 있는 앱티브는 입지를 넓힐 수 있을 것으로 분석된다.

이전에 인텔이 소유했던 윈드 리버는 자동차와 항공우주, 방위 산업, 의료 및 통신 등 여러 산업을 위한 소프트웨어 및 클라우드 시스템을 개발하고 있으며, 앱티브는 스텔란티스, 폭스바겐, GM 등에 자율주행시스템을 공급하고 있다. 이번 인수 이후 윈드 리버는 앱티브 내에서 독립적 비즈니스그룹으로 운영될 예정이며, 앱티브는 윈드 리버의 자동차용 소프트웨어를 Smart Vehicle Architecture 플랫폼과 결합할 예정이라고 밝혔다. [85]

앱티브와 현대자동차의 자율주행기술 합작사인 모셔널이 미국 라스베이거스에서 아이오닉5 기반의 로보택시(사진)를 이용해 운전자의 개입 없이 자율주행이 가능한 '레벨4' 자율주행 카헤일링 서비스를 시작했다. 이번 서비스로 모셔널의 아이오닉5 자율주행차는 리프트 서비스망에 도입되는 최초의 전기차 기반 자율주행차가 됐다.모셔널과 리프트는 2023년 운전자가 없는 완전 무인 레벨4 자율주행 서비스를 시작하고, 향후 미국 전역으로 확대할 계획이다. [86]

---

85) 현재차그룹이 투자한 앱티브社, 소프트웨어업체 윈드 리버 5조원에 인수, 오토데일리, 2022.01.11
86) '레벨4'아이오닉5 로보택시, 라스베이거스 달린다, 헤럴드경제, 2022.08.16

4) 다임러-벤츠

DAIMLER BENZ

[그림 83] 다임러 벤츠

다임러 벤츠는 1926년 다임러와 벤츠가 합병하여 설립된 독일의 자동차 제조 그룹으로, 메르세데스 벤츠, 마이바흐 등과 같은 계열사를 가지고 있는 기업이다. 다임러 벤츠의 가장 유명한 자회사로는 메르세데스 벤츠를 꼽을 수 있는데, 대부분의 사람들에게 고급차 하면 대부분 벤츠를 떠올릴 정도로 고급차의 대명사격으로 자리잡은 브랜드라고 할 수 있다.

벤츠는 BMW와 공동으로 자율주행차 개발을 위한 전략적 제휴를 했다. 이번 제휴로 두 회사는 2025년까지 자율주행차·운전자보조시스템·자동주차 기술을 개발하기 위해 공동으로 협력한다. 두 회사는 이번 제휴를 통해 레벨4 수준의 자율주행 기술을 확보·보급할 계획이다. 미국 CNN은 "BMW와 다임러가 2025년까지 실질적인 자율주행기술 발전을 이룰 수 있도록 장기적으로 전략적 협력관계를 하기로 했다"며 "레벨4 수준의 자율주행 기술력을 확보한 뒤 향후 더 높은 수준의 자율주행차 개발을 논의하기로 했다"고 설명했다.[87]

최근 벤츠가 레벨3 자율주행 차량을 2022년에 본격적으로 출시한다고 밝혔다. 독일 당국은 벤츠가 레벨3 자율주행 시스템 '드라이브 파일럿(Drive Pilot)'을 차량에 탑재하도록 승인했는데, 이는 유엔 유럽경제위원회(UNECE) 표준에 따라 허가받은 최초 사례다. 벤츠가 만든 드라이브 파일럿은 라이다(LiDAR), 후방 카메라, 외부 마이크, 고정밀지도(HD Map)로 작동한다. 속도는 최대 60km까지 내고 약 1만3천km까지 달릴 수 있다.

드라이브 파일럿의 대표 기술은 라이다(LiDAR), 360도 후방 카메라, 외부 마이크, 고정밀지도(HD Map), 고정밀 GPS다. 비전 기술로 작동하는 테슬라 차량과는 차이점이 있다. 후방 카메라는 차량 뒤에서 특이 상황이 발생할 때 신속히 인식하고 대처한다. 예를 들어, 응급 차량이 뒤에 오면 바로 양보하는 역할을 한다. 외부 마이크는 차량 작동 중 이상 있을 시 사용자에게 알려준다. 고정밀지도는 도로 형상, 경로, 교통 표지판, 도로 공사 관련 정보를 3D로 보여준다. 데이터는 모두 저장하고 지속적으로 업데이트한다. 다른 지도는 미터(m) 기준이라면 해당 지도는 센티미터(cm) 단위로 쪼개서 더 상세하게 표시한다. 드라이브 파일럿을 활성화하기 위해서는 운전대에 있는 버튼을 가볍게 접촉만 하면 된다. 파일럿이 작동하면 운전자는 자유롭게 인터넷 검색, 이메일 확인, 영화 감상 등을 할 수 있다. 그동안 차량은 차선 내에서 안전하게 장애물을 피하거나 스스로 속도를 조절한다. 해당 시스템이 운전자에게 개입을 요청할 경우에는 즉시 응답해야 한다. 일정 시간 내에 진행하지 않으면 차량은 자동으로 멈춘다. 교통 밀도가 높은 곳에서 속도는 60km까지 낼 수 있고 약 1만3천km까지 달릴 수 있다.[88]

---

87) BMW·벤츠, 운전자 아예 필요없는 자율주행차 만든다, 중앙일보, 2019.03.04
88) 벤츠, 레벨3 자율주행차 내년 본격 출시한다...테슬라보다 한발 앞서, AI타임즈, 2021.12.18

최근 벤츠는 루미나의 라이다(LiDAR) 센서 기술을 이용해 미래 자율주행 시스템을 개발한다고 발표했다. 이번 합의를 통해 벤츠와 루미나는 자료를 공유하게 된다. 루미나는 벤츠 차량으로부터 수집한 자료를 이용해 자사의 자율주행 스포트웨어를 한층 개선할 수 있을 것으로 기대했다.[89]

최근 다임러트럭코리아는 메르세데스-벤츠 트럭 5세대 악트로스 라인업에 부분 자율주행 기술이 적용된 '악트로스 L'을 추가하고 국내 출시한다고 밝혔다. 메르세데스-벤츠 악트로스 L은 국내에 530마력급 '2653LS 6x2 기가스페이스', 510마력급 '2651LS 6x2 스트림스페이스', 460마력급 '2646LS 6x2 스트림스페이스' 등 총 3종 라인업으로 구성된다. 현행 배기가스 기준인 유로6 OBD-D보다 강화된 유로6 OBD-E 인증을 마친 직렬 6기통 엔진을 장착해 친환경성을 크게 높였다.

새롭게 출시되는 벤츠 악트로스 L에는 일체형 풀LED 헤드램프와 부분 자율주행 시스템인 액티브 드라이브 어시스트2(ADA2)가 포함된 'L-패키지'가 탑재됐다. ADA2는 상용차 업계 최초로 완전 제동까지 가능한 부분 자율주행 시스템이다.[90]

[그림 84] 부분 자율주행 `메르세데스-벤츠 악트로스 L`

---

89) 벤츠, 자율주행 기술 개발 위해 루미나와 협력한다, 블로터, 2022.01.21
90) 다임러트럭, 부분 자율주행 '메르세데스-벤츠 악트로스 L' 국내 출시, 매일경제, 2022.08.18

5) Ford

[그림 85] Ford

Ford는 1903년 미국 미시간주에서 헨리 포드(Henry Ford)에 의해서 설립된 자동차를 제조, 판매하는 다국적 기업으로 1908년 발표한 포드 모델 T가 50만대 이상 팔리면서 미국 전체 자동차의 반 이상을 차지할 정도로 큰 인기를 모으기도 했다.

Ford는 GM, 도요타와 미국에서자율주행 자동차 안전 규정을 정립하기 위해 국제 자동차 기술 협회(SAE International)를 통해 협력하기로 했다. 이번 협력은 첨단 안전 시스템, 사전 경쟁 개발과 SAE 레벨 4와 5의 차량들의 전진 배치를 위해 디자인 됐다. 컨소시엄은 자율주행 자동차의 기준을 만드는 것에 초점을 맞췄다. 대부분의 자동차 업체들에게 기준을 만든다는 것은 자율주행 자동차의 규격 승인이 보다 빨리 처리될 수 있는 중요한 사안이다.[91]

최근 포드자동차 산하의 로보택시(Robotaxi) 스타트업 아르고AI(Argo AI)가 마이애미와 오스틴에서 운전자 없는 자율주행 테스트 차량을 운영하기 시작했다. 테스트 기간 동안에는 자율주행차(AV)에 유료 고객을 태우지는 않는다. 그러나 차량은 근로자들의 업무가 진행되는 번잡한 도시 지역에서 아르고AI 직원들을 셔틀로 이동시키게 된다. 직원들은 테스트 앱을 통해 차량을 호출할 수 있다. 아르고AI는 미국과 유럽, 기타 주요국의 도시에 대규모의 로보택시를 운행하려는 자율주행차량 기술개발 회사 중 선두 그룹에 위치해 있다. 자율주행 기술 개발업체 가운데 유료 승객을 대량으로 수송하는 레벨 5 수준에 도달한 회사는 아직 없다.[92]

[그림 86] 아르고 AI 자율주행차

---

91) GM·포드·도요타, 자율주행차 공동 개발, MotorGraph, 2019.04.05
92) [글로벌] 포드 산하 로보택시 스타트업 아르고AI, 완전 자율주행차 운행 시작, IT 데일리, 2022.05.18

6) Tesla

[그림 87] 테슬라

물리학자이자 전기공학자인 니콜라 테슬라의 이름을 따온 Tesla는 2003년 창립되어 기존의 느리고 주행거리가 짧았던 전기차의 고정관념을 깬 전기차의 장점을 극대화한 고성능 차량을 선보여 큰 인기를 끌며 전기차 시장에 성공적으로 자리매김했다.

2019년 4월 미국 캘리포니아주의 팔로알토에서 열린 투자자 대상 행사 'Tesla Autonomy Day'에서 테슬라는 완전 자율주행에 대한 계획을 공개했는데, 2016년 2월 첫 팀을 꾸리면서부터 시작된 타임라인은 2018년 7월 생산을 시작하고 2019년 3월과 4월 테슬라 모델S와 모델X, 그리고 모델3에도 적용되기 시작했다고 밝혔다.

또한, 이 행사에서 테슬라는 완전 자율주행을 위한 컴퓨터를 공개했다. 여기에는 두 개의 메인 칩이 탑재되어 있으며, 각각 별도의 전원 공급장치를 갖추고 있다고 밝혔다. 자율주행이 시작되면 각각의 칩은 독립적으로 동작하게 되며, 하나의 칩에 이상이 생기더라도 나머지 하나가 대응할 수 있도록 안전설계를 적용한 것이다.[93]

2020년 테슬라는 소프트웨어 업데이트를 통해 한정된 고객을 대상으로 FSD 베타 서비스를 시작했다. 테슬라는 FSD 설명서에서 "완전자율주행 기능이 작동하면 고속도로에서 차선을 변경하고, 내비게이션 경로에 따라 이동할 분기점을 선택하며, 좌회전과 우회전을 한다"고 소개했다.[94]

테슬라의 자율주행이 타 자율주행과 다른 점은 라이다를 사용하지 않는 것이다. 라이다 센서는 직진성이 강한 레이저 빛, 즉 근적외선을 매개체로 이용해 전기차의 눈 역할을 하는 것으로 레이저 빛으로 전기차와 주변 사물간 거리, 주변의 사물 및 지형 등을 파악한다. 비슷한 방식으로 레이다 센서도 있지만 레이저 빛 대신에 전파를 이용하는 것이 다르고 주변 사물의 정확한 형체까지는 인식하지 못하는 단점이 있다. 대개의 업체들이 라이다 방식을 쓰는 이유는 근적외선의 직진성이 강하기 때문에 주변 사물에 맞고 돌아오는 과정에서 왜곡의 정도가 적어 정밀도 측면에서 카메라보다 우위에 있기 때문이다. 다만 가격이 비싼 것이 단점이다. 반면 테슬라가 고수해온 광학 카메라 센서 중심의 '테슬라 비전 시스템'은 전기차 차량에 둘러싸듯 8개의 카메라 센서를 달아 주변을 인식하는 방식이다.

---

93) 운전자 사라지는 시대, 완전 자율 주행 자동차 출시하는 테슬라, 앱스토리, 2019.05.07
94) "스스로 교차로에서 회전"…테슬라 완전자율주행 기능 공개, 동아사이언스, 2020.10.23

카메라 센서는 라이다만큼 정밀하게 주변사물을 인식하지 못하지만 인공지능(AI) 기술로 보완하면 라이다보다 훨씬 저렴한 비용으로 카메라가 인식한 정보를 AI가 보고 판단하기 때문에 더 시장친화적인 자율주행 기술이라고 테슬라는 주장해왔다.

그러나 전기차 전문매체 일렉트렉에 따르면 카메라 센서로만 가동되는 자율주행 시스템만 사용하겠다는 입장을 밝힌 테슬라가 최근 새로 개발한 것으로 보이는 레이다 센서를 테슬라 전기차에 적용하겠다는 계획을 미국 정부에 보고한 것으로 확인돼 논란이 일고 있다. 일렉트렉에 따르면 테슬라는 4D(4차원) 정밀지도를 그려낼 수 있는 것으로 보이는 레이다 센서 시스템을 사용하겠다는 계획을 미 연방통신위원회(FCC)에 최근 보고한 것으로 확인됐다.

이같은 사실은 한 테슬라 기술 마니아가 테슬라의 자율주행 시스템 개발 동향을 추적하는 과정에서 드러났다. 이 레이다 센서가 만들어내는 4D 지도는 테슬라가 종전에 쓰던 레이더 센서보다 두배의 정밀도를 지닌 것으로 알려졌다.[95]

---

95) [초점] 테슬라, 자율주행차 카메라만 쓰겠다더니… '신형 레이더 센서' 사용 신청, 글로벌 이코노믹, 2022.06.09

[그림 88] Renault-Nissan

닛산은 1933년 자동차제조주식회사라는 이름으로 설립된 일본의 자동차 메이커로 일반적인 일본의 대기업과 다르게, 외국인 외국법인 지분율이 74.2%에 달할 정도로 많은 비중을 차지하고 있다. 특히 프랑스의 르노가 최대주주로 있으며, 1932년 닷선 브랜드 차량을 시작으로 다양한 자동차를 제작하고 있다.

르노-닛산 얼라이언스가 구글의 자율주행 사업부 웨이모와 함께 무인 모빌리티 서비스 개발에 나선다. 르노 그룹은 르노, 닛산, 그리고 웨이모가 프랑스 및 일본에서의 무인 운송 서비스 개발을 위해 협약을 맺었다고 밝혔다.

각 사는 이번 협약에 따라 무인 운송과 관련된 기술적 파트너십은 물론, 법률 및 규제와 최종 서비스 영역까지 힘을 합친다. 승용차부터 경상용차까지 다양한 라인업을 가진 르노-닛산 얼라이언스와 1000만 마일(약 1600만km) 이상 시험주행 경험을 가진 웨이모와 만나 강력한 시너지를 발휘할 전망이다. 이들의 협력은 르노 및 닛산의 본사가 위치한 프랑스와 일본에서 먼저 진행되며, 향후 중국을 제외한 다른 시장으로 확대해 나갈 예정이다.[96]

최근 닛케이에 따르면 닛산은 오는 2030년까지 모든 차종에 자율주행 솔루션을 탑재하겠다는 포부를 발표했다. 닛산차는 미국 자율주행 라이다 전문업체 '루미나 테크놀로지스'와 자율주행 소프트웨어(SW) 개발 도구 플랫폼 기업 '어플라이드 인튜이션'과 협력해 신기술을 개발했다. 개발된 기술은 차량 운전 중 예상치 못한 돌발 상황에 빠르게 대처해서 사고를 방지하는 게 핵심이다. 예컨대 앞 차량 상태를 인지해서 예상치 못한 충돌을 피하는 것은 물론 인도에서 보행자가 갑자기 튀어나와도 급정지로 피할 수 있다. 닛산차는 앞으로 해당 기술을 핵심 자율주행 솔루션으로 활용할 방침이다.[97]

---

96) 르노·닛산-구글 웨이모, 무인 모빌리티 서비스 개발 협력, Motor Graph, 2019.06.21
97) 닛산차, 모든 차량에 '자율주행' 탑재, 전자신문, 2022.04.26

8) Baidu

[그림 89] Baidu

바이두는 2000년 창립한 중국 최대의 검색 엔진 기업으로 2005년 미국 나스닥에 상장한 이후 2006년 일본에 진출하였으며 2008년 정식 서비스를 시작했다. 바이두는 기본적으로 구글과 비슷한 구조를 가지고 있으며 중국의 구글이라고 불린다.

최근 바이두는 운전 핸들을 분리할 수 있는 자율주행차를 공개했다. 로이터통신에 따르면 바이두는 2023년 중국 내 자율주행 택시 서비스에 공개한 모델을 상용화할 계획이다. 바이두는 이번에 공개한 새로운 자율주행차 모델 아폴로 RT6(Apollo RT6)가 고도 자동화 주행 단계인 레벨4에 해당한다고 밝혔다. 레벨4는 자율주행 시스템이 평상시와 비상시 운전에 모두 대응 가능한 기술 수준을 뜻한다. 레벨4는 대부분 상황에서 운전자의 개입이 필요하지 않다. 통상 레벨3 단계부터 자율주행차로 분류된다. 아폴로 RT6에는 자율주행차의 눈이라 불리는 라이다(LiDar·라이트와 레이더의 합성어)가 8개 달린다. 자율주행에 핵심 부품인 카메라도 12대가 차체에 장착된다.[98]

[그림 90] 바이두의 아폴로 RT6

---

98) 中 바이두, 핸들 없는 자율주행차 공개…"운전자 필요없는 레벨4", 조선비즈, 2022.07.21

또한, 최근 바이두의 전기 자동차 자회사인 지두가 로보-01(ROBO-01)이라는 AI 기반 로봇 EV를 공개했다. 로보-01은 레벨 4 자율 주행 시스템이 탑재되어 있고 퀄컴(Qualcomm)의 스냅드래곤(Snapdragon) 칩을 활용해 음성인식으로 차량을 제어할 수 있다.

로보-01의 자율주행 시스템은 2개의 엔비디아(Nvidia) Orin X 칩을 사용하고 31개의 외부 센서가 장착되어 있다. 여기에는 2개의 라이다(LiDAR), 5개의 밀리미터파 레이더, 12개의 초음파 레이더 및 12개의 카메라가 포함된다. 내부에는 자율주행 모드에서 접힐 수 있는 접이식 U자형 스티어링 휠과 3D 전폭 디지털 디스플레이, 무중력 좌석이 있다. 차량 전면에 2면식 도어가 있고 후면에 힌지 방식의 핸들이 없는 도어가 있다. 또한 도어 핸들을 제거하고 후면에 ROBOWing 꼬리와 같은 개폐식 로봇 구조를 추가했다.

로보-01의 가장 흥미로운 점은 지두의 원래 설립 목적인 인터랙티브 AI다. 전면에는 AI 픽셀 헤드라이트가 장착되어 있어 차량이 주변 환경에서 인식하는 것을 표시할 수 있다.[99]

[그림 91] 바이두의 로보-01

---

99) 중국 바이두, 자율주행 컨셉카 '로보-01' 공개, AI타임즈, 2022.06.09

9) 폭스바겐(Volkswagen)

[그림 92] 폭스바겐(Volkswagen)

1937년 히틀러의 요구였던 '성인 2명과 어린이 3명이 탑승가능하고 정비가 쉬우며 연비가 14.5km/L 이상에 100km/h이상의 속력으로 달릴 수 있는 자동차'를 만족시키기 위한 자동차를 개발하던 공장과 회사로부터 폭스바겐은 탄생하게 되었다. 이후 2차 대전에서 독일 패배한 후 연합군의 관리를 받게 되며 폭스바겐은 위기를 겪게 되었지만 이후 히틀러의 요구를 만족시키기 위해 개발되었던 자동차는 폭스바겐 비틀이라는 이름으로 개명한 후 미국 등에서 큰 인기를 얻게 되었고 이를 바탕으로 폭스바겐은 큰 성장을 이루어 낼 수 있었다.

폭스바겐이 미국 반도체 기업 퀄컴과 손잡고 차량용 자율주행 기술개발을 위한 파트너십을 구축하게 되었다. 로이터 통신 등에 따르면 폭스바겐과 퀄컴의 해당 제휴 계약은 2031년까지 지속될 예정이다. 폭스바겐은 2026년부터 자사 모든 브랜드에 차량 자율주행을 위해 특별히 개발된 퀄컴 시스템온칩((system on a chip, SoC)을 사용하게 된다. SoC는 완전 구동이 가능한 제품과 시스템이 들어 있는 것이 특징이다. CPU와 GPU, NPU, RAM, ROM, 컨트롤러 등 다양한 부품이 하나의 칩에 내장됐다.[100]

또한 최근, 독일 폭스바겐 그룹이 화웨이의 자율주행 사업부 인수를 위해 협상을 진행 중인 것으로 알려졌다. 독일 비즈니스 매체 매니저 매거진(manager magazine)은 폭스바겐과 화웨이 양측 모두 공식 입장을 표명하지 않은 상황이지만 업계 전문가들은 양사의 거래를 기정사실로 받아들이고 있다고 전했다.

폭스바겐은 오는 2025년에 자율주행 레벨 4단계 주행 기능을 상용화할 것이라며 자율주행 셔틀 차량을 위한 시스템 역량을 구비, 이 중 일부를 소유하고 모빌리티 서비스와 금융 서비스를 확대하겠다 밝혔다. 폭스바겐은 이미 전략적 파트너인 아르고 AI(ARGO AI)와 공동으로 자율주행 셔틀을 위한 자율주행 시스템 개발에 앞장서고 있다.[101]

---

100) 폭스바겐 차량에 퀄컴 칩 탑재…"자율주행 기술 강화", 모터그래프, 2022.05.04
101) 폭스바겐의 화웨이 자율주행 인수, 두 기업은 왜 서로를 택했나, 중앙일보, 2022.02.25

VII. 결론

VII. 결론

　2020년은 완전 자율주행자동차 등장 시작으로 손꼽혔으나, 가트너의 선임 리서티 애널리스트의 발표에 따르면, 현재 전 세계에서 연구 개발 단계를 넘어선 고급 자율주행차는 아직 없다. 현재 제한적인 자율주행 기능을 갖춘 차량이 있으나 여전히 인간의 감독에 의존하고 있다. 하지만 대다수의 차량이 완전한 자율주행을 지원할 수 있는 카메라, 레이더 혹은 라이다 센서 등의 하드웨어를 이미 탑재하고 있다. 최근 주요 자동차 제조사들은 전방 및 측방 5개 레이더와 전방카메라, 전방라이다로 구성된 센서 조합을 기본으로 하여, 제조사들의 추가적인 센서 적용을 통해 기능과 안전을 강화해 나가고 있다.[102]

제조사/모델	레이더	카메라	라이다	초음파
Waymo	4개	8개	6개	-
Yandex	6개	5개	3개	-
BMW	6개	12개	5개	12개
Tesla	9개	8개	-	12개
Nexo(평창)	3개	4개	4개	-

[표 22] 제조사별 적용 센서 개수

　최근 자율주행 분야에 대한 완성차 제조사들의 투자가 빠르게 증가하고 있다. 현대자동차의 경우 2020년 앱티브와 함께 총 40억 달러를 투자해 자율주행 전문 업체인 모셔널(Motional)을 설립했고, 이후 모셔널과 공동 개발한 아이오닉 5 기반의 무인 자율주행 차량을 활용하여 자율주행 시대를 선도하겠다는 계획을 세웠다. 해외 완성차 업체인 GM의 경우에도 자율주행 사업 자회사인 크루즈를 통해 자율주행 서비스 상용화를 추진하고 있다. 크루즈는 2022년 2월 차량 안전 확보 등의 조건을 기반으로 미국 캘리포니아주 규제 당국으로부터 자율주행 승객 서비스를 허가받기도 했다.

　이처럼 자율주행에 대한 투자가 증가하면서 각 국에서도 자율주행차량과 관련된 법안을 빠르게 제정하고 있다. 특히 주요국들은 관련법 개정 후에도 기술 발전 단계에 맞춰 법률을 지속적으로 보완하고 있다. 미국, 독일, 일본 등은 자율주행 관련 법·제도를 정비하고 레벨3 차량이 실제 주행할 수 있는 법률적 요건을 이미 구축했다. 미국은 2016년 연방 자율주행차 정책(FAVP)를 발표하고 자율주행 단계별 가이드라인을 제시해 각 주(州) 정부의 법에 따라 레벨3 이상 차량의 주행을 허용하기로 했다. 독일은 2021년 레벨4 완전자율주행차의 운행을 허용하는 법률 제정해 2022년 연내 상시 운행을 가능하게 한다는 방침이다. 일본은 2019년 도로운송차량법을 개정해 레벨3 자율주행차의 운행을 허용하기 위한 제도를 정비하고, 혼다의 레벨3 자율주행 시스템의 시판을 승인한 상태다.

---

102) 자율주행을 위한 센서기술동향,Auto Journal, 2020. 04

한국도 레벨3 자율주행 기반 마련을 위한 운전주체, 차량장치, 운행, 인프라 등 자율주행차 4대 영역에 대한 규제 정비를 추진해왔으며, 2018년부터 「자율주행차 상용화 촉진 및 지원에 관한 법률」, 「자율주행차 안전운행 요건 및 시험운행 등에 관한 규정」, 「자동차 및 자동차 부품의 성능과 기준에 관한 규칙」, 「자동차 관리법 규정」, 「자동차손해배상보장법」 등을 마련했다. 또한, 정부는 레벨3 자율차 안전기준(`19.12) 및 보험제도(`20.4)를 마련하는 등 국내에서도 레벨3 차량의 출시가 가능해졌다. 하지만 여전히 미국, 독일, 일본과 같은 경쟁국의 법제도 정비 속도에 비해 한국의 제도 개선 속도는 더디다.

한국의 자율주행 기술 선도를 위해서는 국내에서도 기술 발전 속도에 발맞춰 관련법 정비가 빠른 속도로 이루어져야 할 것이다. 한국경제연구원도 이와 관련하여, 국내 레벨3 자율주행 상용화를 위해 자율주행 모드별 운전자 주의의무 완화, 군집 주행 관련 요건 및 예외 규정 신설, 통신망에 연결된 자율주행차 통신 표준 마련, 자율주행 시스템 보안 대책 마련, 자율주행차와 비(非)자율주행차의 혼합 운행을 위한 도로구간 표시 기준을 마련 등 관련법 정비가 필요하다고 설명했다.

또한, 한국의 자율주행 시범서비스 주행거리와 데이터 축적 규모가 미국 등 주요국에 비해 부족한 것으로 분석되어, 레벨3 이상의 자율주행차 상용화 경쟁에서 뒤처지고 있다. 미국은 무인 시범운행을 통해 자율주행 기술을 발전시키고 있지만, 한국은 대부분의 시범운행에서 보조운전자가 탑승하고 있고, 주행하는 도로도 시범구역 지역 내 특정 노선으로 제한되어 있다. 미국은 시범구역으로 지정된 지역 내에서 자유롭게 운행 경로를 설정하고 있다.

미국에서는 1,400대 이상의 자율주행차가 다양한 환경에서 운행되면서 기술을 개발하고 있지만, 한국에서는 정해진 노선에서 220여대의 자율주행차가 달리고 있다. 미국 웨이모 3,200만km(`20년)에 비해 한국 자율주행기술개발혁신사업단의 주행거리 합계는 72만km(`22년 1월)에 불과한 것으로 축적한 주행거리에서도 큰 차이가 있는 것으로 나타났다.

자율주행을 위한 인공지능 학습을 위해서는 축적된 주행거리가 매우 중요한 요소 중 하나다. 따라서, 좋은 품질의 반도체를 개발하는 것과 마찬가지로 좋은 성능의 자율주행 알고리즘을 개발하기 위해서는 규제의 완화를 통해 국내에서도 많은 양의 주행 데이터의 축적이 필요할 것이다. 103)

---

103) 자율주행 상용화 본격화, 한국도 규제개선 속도내야, 한국경제연구원, 2022.04.25

Ⅷ. 참고문헌

VIII. 참고문헌

[1] 자율주행기술, 한국과학기술기획평가원, 2019
[2] 자율주행차, 한국 IR 협의회, 2019.10.24
[3] ADAS 등 자율주행차 관련 기술 동향, 교통과학연구원, 2016.10
[4] 자율주행자동차 기술개발 및 서비스 동향, 최윤혁, 정보통신기술진흥센터, 2016.09.21
[5] 자율주행 알고리즘, ICT Standard Weekly 제1057호
[6] 유망시장 Issue Report -자율주행차, 연구개발특구진흥재단, 2021.07
[7] 미래자동차 글로벌 가치사슬 동향 및 해외 진출전략, KOTRA, 2021.03
[8] 스마트카, 한국 IR 협의회, 2020.07.02.
[9] 라이더(LIDAR), 한국IR협의회, 2020.09.03.
[10] 스마트 모빌리티, 한국IR협의회, 2020.07.09.
[11] 4차 산업혁명이 주목한 자율주행자동차, 산업 Insight, 2018
[12] 자동차 사이버 보안 시장, 글로벌 시장동향보고서, 연구개발특구진흥재단, 2021.10
[13] 고급 자율주행차 시장, 연구개발특구기술 글로버 시장동향 보고서, 연구개발특구진흥재단, 2017
[14] 텔레칩스(054450), 한국 IR협의회, 2022.02.17.
[15] 최적의 경로를 제공하는 실시간 경로탐색, 현대자동차, 2019.06.27.
[16] 자율주행 자동차는 정말 안전할까, 공승현(KAIST)

초판 1쇄 인쇄 2017년 11월 17일
초판 1쇄 발행 2017년 11월 24일
개정판 발행 2020년 3월 30일
개정2판 발행 2021년 3월 15일
개정3판 발행 2022년 9월 13일

편저 ㈜비피기술거래
펴낸곳 비티타임즈
발행자번호 959406
주소 전북 전주시 서신동 832번지 4층
대표전화 063 277 3557
팩스 063 277 3558
이메일 bpj3558@naver.com
ISBN 979-11-6345-380-2 (13550)

이 도서의 국립중앙도서관 출판예정도서목록(CIP)은 서지정보유통지원시스템 홈페이지
http://seoji.nl.go.kr 와국가자료공동목록시스템 (http://www.nl.go.kr/kolisnet)에서 이용하실 수 있습
니다.